VOM FLIEGEN

VON

PROF. DR. KURT WEGENER
ABT.-VORSTAND DER ABT. III DER DEUTSCHEN SEEWARTE

MIT 17 ABBILDUNGEN IM TEXT

MÜNCHEN UND BERLIN 1922
DRUCK UND VERLAG VON R. OLDENBOURG

Inhalt.

IV   Inhalt.

I. Teil.

Die Flugkunst.

———

I. Kapitel.

Der Flieger.

Unter der großen Zahl derer, die sich Flieger nennen, weil sie in einer Maschine als Flugzeugführer gesessen haben, ist nur ein kleiner Teil, der den Namen Flieger in einem höheren Sinne verdient.

Niemals war der ein rechter Flieger, der sich stets unter Herzbeklemmungen in ein Flugzeug gesetzt hat, oder nach einer gewissen Zahl von Flügen, die er als Heldentaten sorgfältig bucht, mit der Begründung, daß er zu alt sei, oder daß seine Nerven versagen, vom Fliegen freiwillig zurückzieht. Er ist im günstigsten Falle mit mehr oder weniger Glück als Flugzeugführer von der Maschine geflogen worden; wohlgemerkt, er ist geflogen worden, aber er hat nicht selbst geflogen. Ihm hat das Herz nicht geklopft, wie es jedem gesunden Menschen beim Sport und bei freudiger Erregung und Spannung stärker schlägt, sondern unter Angstgefühlen.

Nicht Freude am Fliegen, sondern vielmehr Eitelkeit, Öffentlichkeitsdrang, ja oft genug das Geld lockten ihn.

Ihm wäre es, solange er flog, am angenehmsten gewesen, wenn er garnicht hätte fliegen brauchen, sofern nur jedermann ihn trotzdem als »kühnen Flieger« achten würde. Daher auch das häufige Zurückkommen älterer »Kanonen« auf f r ü h e r e Verdienste. Auch beim Fliegen ist eben die Neigung, Rentenempfänger zu werden, erstaunlich groß.

Anders der rechte Flieger. Bei ihm ist das Fliegen Leidenschaft, ja es wird zum Laster, mit dem er achtlos den Körper

ruiniert, ihn leichtsinnig verstümmelt, mit vollem Bewußtsein Ohren-, Herzleiden, Magenschwäche in ihm hervorruft,
und durch Eindrillen der Auffassung, des Urteils, des Willens
auf trotzigen raschen Entschluß sich leicht zum Höhenwahn
erzieht.

Mit der bloßen Verachtung des Philisters, der für einen
Flieger gehalten werden möchte, und doch keiner ist, solange
sein Haushaltungswitz beim Fliegen sich auf Sparsamkeit
beschränkt, ist es indessen für den rechten Flieger nicht getan.

Denn der rücksichtslose Einsatz an sich kann kein Ziel
sein. Dieses werden wir vielmehr für den rechten Flieger
im überlegenen, jedem Wetter gewachsenen Fliegen selbst
sehen; Einsatz und Ergebnis bei allem scheinbaren Leichtsinn
richtig gegeneinander abwägen, jeden günstigen Augenblick
als günstig erkennen, ihn dann aber auch gleich mit Lebhaftigkeit benutzen; wenn man fehlgegriffen hat, sich mit Geschick-
lichkeit und Gleichmut aus der Lage so gut als möglich heraus-
ziehen, aber ohne dann noch lange daran zu denken: das
macht den rechten Flieger aus.

Allerdings wollen wir nicht übersehen, daß da, wo es an
den geistigen Voraussetzungen für den Flieger fehlt, leicht-
sinnige und kenntnislose Draufgängerei in jedem Fall weniger
zu tadeln ist als wohlgeschulte Pedanterie und Vorsicht,
die überall nur Schwierigkeiten und Hemmungen sieht, und
die, wenn es heute noch kein Fliegen gäbe, nie dazu kommen
würde.

Der Laie, aber auch der Erbauer und Erfinder, soweit
er nicht selbst Flieger ist, der beim Fliegen nur an Benzin, Öl,
Pferdestärken, Gasdrossel, Anstellwinkel und andere tech-
nische Dinge denken kann, mag glauben, daß der seelische
und Gemütszustand des Fliegers jetzt oder in künftigen
Zeiten nur in Romanen eine Rolle spielen sollten, und in einem
Buch, das vom Fliegen handelt, und den Flieger beraten soll,
überflüssig sei.

Wer ernsthaft geflogen ist, wird stets am Motor, zwischen
den Tragflächen, umgeben von wissenschaftlichem Meßgerät,
den M e n s c h e n sitzen sehen, mit seinen Gemütsbewe-
gungen, Angst, Stolz, Spannung, und seiner begrenzten körper-
lichen Leistungsfähigkeit.

Jedes Kapitel, das vom Fliegen handelt, und so auch jedes Kapitel in diesem Buch, muß sich erinnern, daß es M e n s c h e n sind, die fliegen.

Es verdient Tadel, wenn am Zeichentisch oder Schreibtisch vergessen wird, daß der Führer nur nach vorn sehen kann; daß der Mensch nur zwei Augen hat, und trotzdem rings um ihn Meßgerät gehängt wird, das alles zugleich beobachtet werden soll; und wenn man mit einem Wort glaubt, daß die Maschine fliegt, und nicht der Mensch.

Weiter unten wird auf die Maschinen zurückgekommen werden, bei denen das Selbstfliegen (automatische Stabilität) angestrebt wurde. durch ihre Erbauer. Es wird sich zeigen, daß sie die allerschlechtesten Maschinen sind, nur gut für Flugzeugführer, die das Fliegen nicht gelernt haben, daß sie das Fliegen dem Wetter völlig unterwerfen, und daher lediglich eine Hemmung sind für Weiterentwicklung.

II. Kapitel.

Leiden beim Fliegen.

Die Sauerstoffnot. Was früher über die zerstörende Wirkung des geringen Luftdrucks in großer Höhe auf den Körper (Blutaustritt aus den Fingernägeln usw.) behauptet worden ist, hat sich vor der wissenschaftlichen Forschung zum großen Teil als trügerisch erwiesen. Nach den Untersuchungen von Zuntz, Loewy, von Schrötter und anderen namhaften Gelehrten macht sich die Änderung des Luftdrucks erst in rund 10 000 m Höhe dadurch bemerkbar, daß die Lunge oberhalb dieser Höhe durch den Druck der in ihr enthaltenen Luft nicht mehr an den Brustkorb (Thorax) gepreßt wird, weil der Innendruck in Übereinstimmung mit dem äußeren Luftdruck hierfür nicht mehr ausreicht. Oberhalb von etwa 10 000 m Höhe wird der Flieger also einen Taucheranzug brauchen oder in einem luftdichten und gegen äußeren Unterdruck widerstehenden Behälter eingeschlossen sein müssen.

Aber mittelbar macht sich die Dünne der Luft schon in geringeren Höhen in anderer Weise bemerkbar; insofern nämlich, als die Sauerstoffmenge in gleichem Raum geringer wird als unten. Hierdurch wird die Höhe von rund 5000 m zu einer kritischen Höhe. Hier ist nämlich der Luftdruck nur noch rund halb so groß als an der Erde, und damit auch die Sauerstoffmenge in gleichem Raum halb so groß.

Infolgedessen würde in dieser Höhe bei der gleichen »Atemtiefe« oder Fördermenge die Lunge nur die Hälfte der Sauerstoffmenge erhalten, die sie unten erhielt, und die sie braucht.

Durch größere Atemtiefe kann man die Sauerstoffnot der Lunge bis 5000 m beseitigen, höher ist dies für die meisten Menschen nicht mehr möglich, und man muß sich dadurch helfen, daß man die Luft, die von der Lunge eingeatmet wird, durch reinen Sauerstoff ersetzt, und eine Flasche mit flüssigem Sauerstoff, oder einen Stahlbehälter mit zusammengepreßtem Sauerstoff in der Maschine mitführt. Ein Schlauch mit Mundstück (schlechter Gesichtsmaske) leitet den reinen Sauerstoff aus dem Behälter über einen verstellbaren Druckmesser in die Lunge.

Da die Kälte oben in der Luft, die Erschütterungen durch den Motor und die Arbeit des Luftschraubenwindes, verbunden mit der allseitigen Anspannung, den Kräfteumsatz im Körper und daher die Atmung steigern, ist es für den Flieger schon von etwa 3500 m an im allgemeinen angenehm, reinen Sauerstoff zu atmen. Schaden kann der Sauerstoff nie etwas; in geringeren Höhen als 5000 m wirkt er wenigstens erfrischend, wenn er auch nicht notwendig ist.

Die Ausgleichsfähigkeit der Lunge ist bei den Menschen recht verschieden. Mancher Kurzatmige muß bereits Höhen von 2500 m im Flugzeug aus Sauerstoffnot meiden, während andere mit tiefem Atmen ohne Beschwerden auf 5—6000 m gehen können. Auf die Dauer strengen große Höhen jeden Menschen an.

Die Höhe hat noch eine andere unmittelbar wahrnehmbare Folge: die Zahl der Blutkörperchen ändert sich.

Weniger offenkundig und erforscht, aber nicht weniger merklich sind die Folgen, die durch die S c h n e l l i g k e i t und h ä u f i g e W i e d e r h o l u n g d e s H ö h e n - w e c h s e l s eintreten. Je häufiger und schneller der Höhenwechsel vorgenommen ist, um so empfindlicher ist im allgemeinen der Körper dagegen. Eine Gewöhnung und Abhärtung tritt nur in ganz beschränktem Maße ein.

Für den Vogel bedeutet ein Höhenwechsel von 1000 bis 2000 m außerordentlich viel und ist eine Seltenheit. Oberhalb dieser Entfernung vom Boden werden im allgemeinen keine Vögel angetroffen. Der Mensch traut sich 4000 m und mehr zu, aber auf die Dauer nicht ungestraft.

Das Gehör. Beim Gleitflug, aber bei rasch steigenden Maschinen auch beim Steigen bildet sich ein Druck im Gehörgang infolge Änderung des äußeren Luftdrucks aus, der vorübergehend Taubheit, dumpfen Schmerz und Ohrensausen hervorruft, und durch Schluckbewegungen und Nasenschnauben beseitigt oder wenigstens verringert wird. Häufige Wiederholungen des raschen Höhenwechsels sind wahrscheinlich der Grund für die zahlreichen Gehörerkrankungen bei Fliegern, zu denen Motorlärm und Propellerwind auch ihr Teil beitragen mögen.

Nach jedem steilen Gleitflug hat man etwas Ohrenschmerzen.

Es ist daher zweckmäßig, jeden raschen Höhenwechsel, wo er nicht notwendig ist, zu vermeiden. Gewiß muß man, wenn es nötig wird, sein Flugzeug in der Luft auf den Kopf stellen können, und sich gelegentlich in steilen Schraubenkurven üben. Aber es ist verrückt, dies aus großen Höhen bis auf die Erde, und ohne Notwendigkeit regelmäßig zu üben; ja schlimmer, es ist geschmacklos; denn der langsame Gleitflug mit abgestelltem, fast geräuschlosem Motor ist der schönste Teil jedes Fluges, den man sich nicht verderben sollte.

Je langsamer man die Höhe verläßt, wenn möglich immer mit etwas Gas, um so öfter wird man sie ohne schweren Schaden aufsuchen können.

Nerven und Herz. Der Flieger hat eine ganze Reihe von Meßgeräten (Umdrehungszähler, Benzinzähler, Druckzähler für Benzin und Öl, Höhenmesser), die Lage der Maschine in der Luft, und die Ortsbestimmung zugleich zu beobachten. Da eine gleichzeitige Beobachtung aller dieser Dinge für einen Menschen nicht möglich ist, läuft die ganze Erziehung des Fliegers darauf hinaus, alles so rasch nacheinander zu beobachten, daß die Beobachtungen praktisch gleichzeitig werden.

Hastiges, nervöses Arbeiten und dauernde Anspannung der Aufmerksamkeit sind daher Zubehör beim Fliegen. Bei einer Landungsgeschwindigkeit von 70—100 km/Std. und der natürlichen Trägheit jedes Flugzeugs ist obendrein raschester Entschluß notwendig. Vergegenwärtigt man sich nun noch die aufregenden unvermeidlichen Zwischenfälle beim Fliegen (Verfliegen, Notlanden, Regen, Schnee, Motorschäden wie Vergaserbrand, Kühlerbruch, Kabelbrüche am Flugzeug), so erkennt man, daß Nervenkrankheiten beim Fliegen unvermeidlich sind.

Durch die Nerven wird der Magen meist stark in Mitleidenschaft gezogen. Kein Flieger, der ernsthaft fliegt, wird fett; aber das Fett wird nicht wie bei gesundem Sport v e r b r a u c h t und in Muskelfleisch verwandelt, sondern garnicht angesetzt. Nach Beendigung aufregender Flüge tritt bei Fliegern, die schon etwas verbraucht sind, Erbrechen ein, das tagelang andauern kann, und mitunter den nächsten Flug einleitet. Eine vorsichtige und gute Verpflegung ist daher kein Luxus für den Flieger.

Gegen Fett wird der Magen auf die Dauer empfindlich. Verbrauch von Zucker statt Fett, Vermeidung der wirksamsten Nervenreizmittel (Kaffee, Tee, Zigaretten) ist die beste Vorbeugung. Alkohol kann gelegentlich bei nervöser Erregung vorteilhaft als Lähmungsmittel gebraucht werden.

Bisher waren die meisten Flieger nach etwa drei Jahren sehr stark oder völlig verbraucht. Aber man muß sich daran erinnern, daß diese ersten Flieger zu einer Zeit flogen, wo das Fliegen eigentlich nur ein aufregendes Hindernisrennen war, weil die Maschinen sich kaum vom Boden erhoben. Es ist kein Grund einzusehen, warum ein gesunder Mensch mit gesunder Lebensweise, dem das Fliegen Freude macht, und der besonnen fliegt, nicht mit den heutigen Maschinen sehr viel länger sollte fliegen können.

Die Herzschwäche, Herzerweiterung, Unregelmäßigkeit des Herzschlags ist im Krieg sehr allgemein als Folge der Nervenaufregung namentlich bei Artilleriebeschießung im Schützengraben bekannt geworden. Beim Flieger tritt sie gleichfalls auf, meist wohl infolge der regelmäßigen Aufregungen beim Fliegen, vor allem bei Abflug und Landung.

III. Kapitel.
Motor und Flugzeug in der Luft.

Der heutige Flugzeugmotor wird mit Benzin gespeist. Seine Tätigkeit beruht darauf, daß Benzin zerstäubt, mit Luft (Sauerstoff) vermischt, hierdurch in ein Explosionsgemisch verwandelt, und im Zylinder durch den elektrischen Funken zur Entzündung gebracht wird.

Wird, wie dies jetzt bei den meisten Motoren der Fall ist, immer die gleiche Menge Benzin zerstäubt, so wird die Mischung, wenn sie unten am günstigsten war, in der Höhe immer ungünstiger. Denn in der Höhe ist die Luft dünner, und mit dem gleichen Hub kommt also eine geringere Menge Sauerstoff in die Zylinder. Dazu kommt, daß infolge der geringeren Dichte auch der Anfangsdruck im Zylinder geringer wird. Die Motorleistung nimmt dann mit der Höhe ab. Die Abnahmebedingungen und die Bezeichnung mit Pferdestärken gelten nur für die Erde.

Bei neuen Entwürfen wird Preßluft verwendet, die mit einem Hilfsmotor erzeugt wird, um in allen Höhen, unabhängig von der Änderung des Luftdrucks, das gleiche Gasgemisch in die Zylinder zu bringen, und so überall gleiche Leistung zu haben.

Die Abnahme der Motorleistung beträgt bei den besten bisherigen Motoren von 1400 Umdrehungen etwa 60 bis 80 in 3000 m beim 160-PS-Motor.

Dieses Nachlassen des Motors ist der Hauptgrund, warum die erreichbare Höhe für ein Flugzeug begrenzt ist.

Die Verbrennung im Motor wird gefördert durch die Anwesenheit von Wasserdampf. Daher nimmt in Wolken und schon in feuchter Luft die Umdrehungszahl des Motors zu.

Beurteilt man, wie dies gewöhnlich geschieht, beim Flug die Neigung des Flugzeugs nach vorn nur nach der Umdrehungszahl, so muß an diese Wirkung der Wolken gedacht werden.

Aber auch auf der Erde ist die Leistung und Umdrehungszahl des Motors mit seiner Luftschraube wechselnd, je nach Luftdichte, Temperatur und Feuchtigkeit. Feuchtigkeit steigert die Leistung des Motors, weil der Wasserdampf für das Explo-

sionsgemisch vorteilhaft ist; ebenso Kälte, weil hierbei die
Dichte der Luft und die zugeführte Sauerstoffmenge wächst.
Die Umdrehungszahl der Luftschraube wieder ändert sich
mit dem Widerstand, also der Dichte der Luft, nimmt also ab
bei Kälte.

Obgleich in der Mittagswärme die Leistung des Motors
etwas abnimmt, wächst die Umdrehungszahl der Luftschraube
um 20 bis 30 Umdrehungen, weil der Luftwiderstand der
wärmeren und deshalb dünneren Luft geringer ist.

Im Sommer braucht man daher wegen des geringeren
Widerstandes der Luft eine andere Luftschraube mit größerer
Steigung auf der Maschine als im Winter.

Die Temperatur der Luft und in geringem Maße auch die
Dichte spielen endlich auch eine Rolle für die Kühlung des
Motors. Ein großer Teil der Motoren ist luftgekühlt in der
Weise, daß die Luft unmittelbar an den mit Kühlrippen ver-
sehenen Zylindern vorbeistreicht und dort lästige Wärme
fortführt. Bei niedriger Lufttemperatur wird zuviel Wärme
abgeführt, so daß der Motor zu kalt ist und nicht auf seine
Höchstleistung kommt. Diese Wirkung wird in der Höhe ausgeglichen durch die geringere Aufnahmefähigkeit der Luft
infolge geringerer Dichte. Durch Abschirmung gegen den Luftstrom wird reguliert.

Auch der sogenannte »wassergekühlte« Motor ist in letzter
Reihe luftgekühlt, nur wird nicht der Motor unmittelbar, sondern
das als Dämpfung verwendete Wasser durch Luft gekühlt.

Bei jedem Motor, besonders leicht aber beim wasserge-
kühlten, läßt sich die Temperatur des Kühlwassers bzw. die
Temperatur am Motor messen, und durch Verdecken oder
Freimachen des Kühlers regeln. 85° am Zylinder wird für die
günstigste Temperatur gehalten. Im Sommer werden die meisten
Motoren etwas warm; im scharfen Winter muß durch aller-
hand Kunstgriffe (Motor erst ohne Kühlwasser laufen lassen,
und dann erst kochendes Wasser einfüllen, Umwickeln aller
freiliegenden Metallteile, Zusatz von Glycerin zum Kühlwasser, Unterstellung der Flugzeuge in eine geheizte Halle,
schon um Lockerung von Verbindungen bei scharfer Kälte
infolge Zusammenziehung des Metalls zu vermeiden) der Be-
trieb ermöglicht werden.

Kocht das Kühlwasser im Sommer, so hilft ein kleiner Gleitflug von 100 bis 200 m. Im Winter hat das Kochen eine schlimmere Bedeutung. Dann ist nämlich offenbar ein Teil der Kühlung durch Eis abgesperrt, und der übrigbleibende Teil reicht nicht aus; er ist bald verdampft; die Vereisung ist dann vollständig, und der ungekühlte Motor frißt sich fest.

Die Umdrehungszahl der Luftschraube. Die heutigen Flugmotoren laufen meist mit 1400 Umdrehungen[1]) in der Minute am besten. Dies ist auch die Abnahmezahl. Läßt man die Umdrehungszahl eines solchen Motors heruntergehen auf 1350. 1300 usf., so kommt man irgendwo an eine k r i t i s c h e Z a h l, bei der die Erschütterungen durch Eigenschwingung des Motors ein Höchstmaß erreichen. Mit dieser kritischen Zahl soll man den Motor nur im Übergang laufen lassen.

Wenn ein Flugzeugführer also glaubt, den Motor dadurch schonen zu können, daß er ihn langsamer laufen läßt, durch Drosseln oder Aufsetzen einer Luftschraube mit geringer Umdrehungszahl, so kann er sich verrechnen. Wenn der Motor heiß zu werden droht, kann man ihn gewiß durch Drosseln schonen. Man kann sich ferner den Flug angenehmer machen, Benzin und Öl sparen, und auch die ganze Maschine etwas schonen, wenn man in der Höhe so lange etwas Gas wegnimmt, bis die Maschine ohne Arbeit am Steuer im Gleichgewicht ist, und die Erschütterungen der ganzen Maschine durch Eigenschwingung am schwächsten sind.

Eine Luftschraube aber mit falscher Umdrehungszahl ist unwirtschaftlich. Hat man z. B. eine Luftschraube auf dem Motor, die 1300 statt der erforderlichen 1400 Umdrehungen in der Minute macht, so würde dies bei 140 Pferdestärken einen freiwilligen Verlust von rund 10 Pferdestärken (130 : 140) ohne entsprechende Gewichtsverminderung bedeuten. Da man aber bei einem solchen Motor etwa 120 Pferdestärken allein dazu braucht, die Maschine eben zu tragen, bedeutet dies eine recht erhebliche Abgabe an »Kraftüberschuß«; und dieser Kraftüberschuß sichert dem Flieger überhaupt erst Beweglichkeit und Leistung.

---

[1]) Die Gewohnheit, das Schema, das sich auch hier eingeschlichen hat, wird auch hier überwunden werden. Das störende »Warum« Neugieriger wird auch diese frisch geheiligte Zahl umwerfen.

Um gelegentlich bei starkem »Drücken« den Motor nicht zu überanstrengen, ist es nicht erforderlich, eine Luftschraube zu verwenden, die »normal« wenig Umdrehungen macht, und mit 1400 Umdrehungen erst beim starken Drücken und Höhenverlust arbeitet oder wenig »aufholt«, sondern man kann den Motor unbedenklich, ohne Gefahr, mehrere Minuten lang mit höherer Umdrehungszahl (1500 Umdrehungen) arbeiten lassen oder drücken und auf 1400 Umdrehungen drosseln. Jede Minute bedeutet rund 2 km. Unter diesen Umständen bringt eine Luftschraube von höherer Steigung und geringer Umdrehungszahl auch für die Schnelligkeit keinen Vorteil, sondern nur allgemein eine schlechte Ausnutzung der im Motor vorhandenen Kräfte.

In geringen Höhen (bis 2000 m) hat man nur den Wunsch zu steigen. Daher sollte die Luftschraube unten so viel Umdrehungen beim Steigen machen, als der Motor überhaupt verträgt (1400 bis 1440). In der Höhe nimmt die Umdrehungszahl von selbst ab, man hat beim Steigen dann etwas zu wenig Umdrehungen, und fliegt mit der günstigsten Umdrehungszahl geradeaus. Hat man zufällig in geringer Höhe geradeaus zu fliegen, so drosselt man.

Die Luftschraube versucht mit der gleichen Kraft, mit der sie in einer Richtung gedreht wird, das Flugzeug selbst nach der entgegengesetzten zu drehen. Um dieser Drehung entgegenzuwirken, sind die Tragflächen des einmotorigen Flugzeugs rechts und links ungleich gebaut.

Die linke hat bei rechtsdrehender Schraube größeren Anstellwinkel. Eine weitere Ungleichheit ist deshalb notwendig, weil der Luftwirbel hinter einer rechtsdrehenden Luftschraube etwas nach rechts geht, und das Flugzeug sich daher nach links zu drehen sucht.

Aus diesem Grunde muß beim Geradeausflug des einmotorigen, nicht ausbalancierten Flugzeugs rechts etwas ins Seitensteuer getreten werden.

Die Kraft, mit der die Maschine von einer rechtsdrehenden Luftschraube nach links geneigt und nach links gedreht wird, ist mit der Umdrehungszahl des Motors veränderlich. Ist die Maschine so verspannt, daß sie bei voller Umdrehungszahl richtig fliegt, so will sie gedrosselt »hängen« und »schieben«.

Die beiden Seiten des Fahrgestells werden bei einer solchen Maschine beim Landen ungleich beansprucht, und werden neuerdings deshalb auch ungleich gebaut.

Die Ruder. Das Flugzeug wird nach rechts und links mit dem Seitenruder (Fußruder) bewegt; tritt man rechts ins Seitenruder, so dreht sich das Flugzeug nach rechts.

Der Kopf (Motor) senkt sich, während der Schwanz sich hebt, wenn man das Höhenruder (Knüppel oder Rad) drückt. Er hebt sich, wenn man »zieht«, d. h. das Höhenruder anzieht.

Die Tragfläche rechts senkt sich, wenn man das Steuerrad nach rechts dreht, oder den Knüppel nach rechts schiebt. Die »Verwindungsflächen«, die hierbei betätigt werden, befinden sich bei allen heutigen Maschinen an den Tragflächen als Klappen oder veraltet als Verwindung der ganzen Fläche.

Zum Aufrichten aus der Schräglage braucht man außer der Verwindung auch das Seitenruder. Hängt der rechte Flügel z. B. herab, so genügt ein kurzer Tritt links ins Seitenruder, um die Maschine augenblicklich aufzurichten. Der durch diese Steuerbewegung vorbewegte Flügel erhält mehr Luft oder stärkeren Wind als der andere, der verhältnismäßig zurückgenommen wird und hierbei gewissermaßen sackt.

Durch die Drehung wird der eine Flügel in die Richtung der Beharrung, also schräg voraus geschoben; erhält, weil der Druckmittelpunkt sich von der Mitte der Maschine nach diesem Flügel verlagert, stärkeren Druck und hebt sich.

Die Ruderflächen, die vom Höhen- und Seitensteuer bewegt werden, befinden sich bei allen heutigen Maschinen an der Schwanzflosse.

Die Wirkung aller Ruder beruht darauf, daß sie bei einer Drehung Luftwiderstand nach einer Seite erzeugen; jede Betätigung der Steuerung bremst also; ein roher Flieger wird im Gegensatz zu einem feinfühligen viel an der Steuerung herumreißen, zu späte grobe statt feiner rechtzeitiger Ausschläge geben, und hierdurch die Maschine bremsen; er fliegt langsamer und steigt schlechter als der feinfühlige Flieger mit der gleichen Maschine. Unruhe der Luft kann die Geschwindigkeit der Maschine verringern, weil sie zu häufigem Gebrauch der Steuerung nötigt. Theoretisch sollte die Tur-

bulenz der Luft die Geschwindigkeit der Maschine steigern,
in der Praxis wird dies kaum der Fall sein.

Die Ruder sind ganz wirkungslos, wenn die Maschine
keine Fahrt besitzt; sie reichen ferner zur Überwindung der
in Frage kommenden Kraft, nämlich der Beharrung und des
Drehmoments, nur dann aus, wenn die Maschine eine dieser
Kraft entsprechende Geschwindigkeit besitzt, und bei einer
zugehörigen Größe der Ruderflächen.

Hat die Maschine verhältnismäßig wenig Fahrt, z. B.
beim Abflug oder beim starken Steigen, so bleibt beim Geradeausfliegen, obgleich der Druck auf der Steuerung fühlbar gering
ist, die Maschine doch steuerfähig, während sie bei Drehung
dann sofort aus dem Ruder läuft.

Je geringer der Druck auf den Rudern oder die Geschwindigkeit der Maschine ist, um so mehr muß man darauf bedacht
sein, die Maschine geradeaus zu halten.

Anderseits gibt es auch eine Höchstgeschwindigkeit
(Drehung, Beharrung), oberhalb deren die Ruder keinen
Einfluß mehr haben. Bei starkem Drücken mit vollaufendem
Motor z. B. nimmt die Manövrierfähigkeit der Maschine
schließlich ab, die Ruder wirken trotz des starken Druckes
nicht mehr recht, und die Maschine beginnt »unstabil« zu werden: sie will sich quer zur Richtung des Widerstandes stellen.

Fliegt man geradeaus und beabsichtigt zu steigen, so
hat man außer der Erfahrung, oder dem »Gefühl«, nur wenig
praktische Anhaltspunkte für das Maß der Steigung.

Die Änderung der Umdrehungszahl, die Lage der Maschine
zum Horizont in der Flugrichtung, und die Gewöhnung in
bezug auf den Sitzplatz können noch am besten ein Maß geben
für denjenigen Steigungswinkel, in dem die Maschine sich noch
gerade trägt, ohne zu steigen, und den kleineren Steigungswinkel, in dem sie am raschesten steigt. Läßt die Umdrehungszahl des Motors zu sehr nach, oder verringert sich die Geschwindigkeit zu sehr, so beginnt die Maschine zu »taumeln«,
d. h. sie will schaukeln und nach rechts oder links abrutschen.
Wird jetzt die Geschwindigkeit nicht erhöht durch Herab-
drücken des Kopfes, so »sackt« schließlich die Maschine,
d. h. sie verliert an Höhe. Ein Aufwärtssteuern der Maschine
aus der wagrechten Lage hat also nur bis zu einem bestimmten

Wendepunkt überhaupt Zweck, da von diesem ab die Geschwindigkeit zu stark abnimmt.

Wenn eine Maschine dicht über Wald oder andere Hindernisse kommt, so wird jeder Führer unwillkürlich die Maschine hochzusteuern versuchen; meist höher, als es zweckmäßig, und oft höher, als es zulässig ist; in ersterem Falle steigt die Maschine nicht mehr, in letzterem sackt sie durch. Dies ist der Hauptgrund, warum Wald und andere Hindernisse eine so merkwürdige Anziehungskraft auf die Maschinen ausüben.

Knüppel und Rad bewegen nach vorn und rückwärts das Höhenruder; nach rechts und links, beim Rad durch Drehung, die Verwindung, haben also diejenige Drehung, die bei den heutigen Maschinen das Seitenruder bewegt, noch frei. Die Verteilung der Ruderbetätigung auf Knüppel und Fußsteuer ist willkürlich, und beruht auf Übereinkommen und Überlieferung.

IV. Kapitel.
Die Tragfähigkeit der Maschinen.

Die Tragfähigkeit ein und derselben Maschine ist sehr verschieden. Eine Maschine, die nach einer klaren Nacht am kalten Morgen eine Nutzlast von 500 kg mühelos trägt, ist ganz leer mittags mitunter kaum vom Boden fortzubringen. Zum Teil liegt dies daran, daß die Dichte der Luft bei hoher Temperatur geringer ist, zum anderen Teil aber an der Wirkung der Turbulenz, der wirbelnden Strömung, die infolge der Reibung der Luft am Boden und des Luftwechsels über dem erhitzten Boden eintritt.

Tragfähigkeit und Steigfähigkeit sind gleichbedeutend innerhalb der gleichen Bruchfestigkeit oder Belastungsfestigkeit.

Ist letztere gleich, so sind gleich tragfähige Maschinen auch gleich steigfähig.

Die Angabe einer bestimmten Steiggeschwindigkeit, die oft bei den Abnahmeflügen gefordert wird, ist unter den gegenwärtigen Verhältnissen noch ziemlich dehnbar. Zweckmäßig ist statt dessen die Feststellung, bei welcher Luftdichte das Flugzeug noch zu fliegen vermag bei nicht-turbulenter, laminarer Strömung der Luft.

Mit der Tragfähigkeit hängt auch das Gleitverhältnis eng zusammen. Drossele ich die Maschine und lasse sie gleiten, so kommt sie aus 1000 m Höhe bei Windstille noch ungefähr 6—7 km weit; um so weiter aber, je weniger die Belastungsfähigkeit der Maschine ausgenutzt ist.

Das Gleitverhältnis soll theoretisch 1 : 10 werden können. Es wird praktisch 1 : 6 bis 1 : 7.

Mit der allgemeinen Geschwindigkeit ist auch die Schwankung von der Mindestgeschwindigkeit beim Steigen zu der Höchstgeschwindigkeit beim Drücken in der Entwicklung der Flugzeuge beträchtlich gestiegen (»Kraftüberschuß«).

V. Kapitel.

Bewegung.

Wenn wir von der Bewegung eines Flugzeugs oder allgemein eines Körpers sprechen, ist es notwendig, daß wir uns vorher darüber klar werden, in bezug auf welchen Körper wir diese Bewegung betrachten. Denn eine Bewegung an sich gibt es nicht. Bewegung bedeutet nur die Orts- und Lagenänderung oder die Entfernungs- und Richtungsänderung zweier Körper gegeneinander.

Betrachten wir einen Menschen, der auf einem Schiff vom Heck zum Bug geht, so denken wir an seine Bewegung nur in bezug auf das Schiff, wir messen Richtung und Geschwindigkeit seiner Bewegung nur in bezug auf dieses.

Das Schiff fährt; wir betrachten die Bewegung des Schiffes »selbstverständlich« nur in bezug auf das Wasser. Das Wasser sei ein Fluß. So betrachten wir ohne weiteres seine Bewegung nach Geschwindigkeit und Richtung in bezug auf das Ufer; das Ufer bewegt sich um die Erdachse, diese um die Sonne.

Würde jemand, der von der Bewegung dieses Menschen auf einem Schiffe spricht, die Bewegung in bezug auf das Wasser oder das Ufer oder die Sonne meinen, ohne dies ausdrücklich vorher zu erklären, so würden wir seine Auseinandersetzung mit Recht als töricht ansehen. Denn wenn ohne Erläuterung von der Bewegung eines Menschen gesprochen wird, so kann nur mit dem den G e d a n k e n n ä c h s t g e l e g e n e n

Körper oder Raum gerechnet werden, in bezug auf den auch allein die Bewegung zu einer zahlenmäßig bestimmten Größe und gleichförmig werden kann.

Wäre die Luft ein in sich von Bewegung freier, und mit der Erde starr verbundener Körper, so wäre die Frage der Bewegung für ein Flugzeug sehr einfach, und zahllose Mißverständnisse bei Entwürfen, Urteilen und Entschlüssen über Flugzeuge wären unmöglich. Indessen bewegt sich die Luft gegen die Erde. Das Flugzeug ist bei Abflug und Landung, solange seine Räder auf der Erde rollen, so an die Erde gebunden, daß wir hierbei seine Bewegung in Beziehung zur Erde setzen. Im Fluge wird es zunächst nur auf seine Bewegung zur Luft betrachtet, die aber auch bei Landung und Abflug bereits mit in Frage kommt. Dazu bewegen sich die verschiedenen übereinander gelagerten Schichten der Luft, die alle nacheinander den umgebenden Raum und damit den Ausgangspunkt für die Bewegung des Flugzeugs beim Fluge abgeben, gegeneinander.

Der Raum, der Körper, auf den wir die Bewegung des Flugzeugs beziehen, w e c h s e l t also, und hieraus sind ganz außerordentliche Schwierigkeiten entstanden.

Als allgemeinen Grundsatz wollen wir ausmachen, daß für ein Flugzeug die Bewegung weder auf die Erde, noch auf andere Flugzeuge, noch auf Wolken, sondern nur auf die umgebende Luft bezogen wird.

Zunächst wollen wir davon absehen, daß auch die Luft in sich Bewegungsunterschiede aufweist, daß sich z. B. die Luft in 3000 m Höhe in bezug auf die Luft in 500 m bewegt, wollen die Luft als einen einheitlich, ohne innere Bewegungsunterschiede nur im ganzen gegen die Erde bewegten Körper ansehen, und die Wirkungen auf das Flugzeug untersuchen.

Das Flugzeug kreise um einen Punkt des umgebenden Luftraumes, welcher letztere auf der Erde ruhen, also mit ihr verbunden sein möge. Unter dem Flugzeug möge sich eine geschlossene Wolkendecke befinden, die zu dem Luftraume gehört. Aus dem Wolkenteppich möge eine Kirchturmspitze als Merkmal der Erde hervorragen.

Dann können wir, solange die Luft mit der Erde starr verbunden ist, also »Windstille« herrscht, die Bewegung des

Flugzeugs nach Richtung und Größe durch Beobachtung an der Wolkendecke oder an einem im Gleichgewicht mit der Luft befindlichen freifliegenden Ballon oder an irgendeinem der rings umgebenden, vom Propellerwind und dem Druck der Tragflächen nicht beeinflußten Luftteilchen oder an dem Kirchturm messen; die Messung ergibt überall das gleiche, da ja alle die bezeichneten Körper starr miteinander verbunden sind.

Nun falle der Kirchturm um; dann ändert sich für das Flugzeug und unsere Messungen nichts.

Wir können die Geschwindigkeit des Flugzeugs zur umgebenden Luft auch dann als gleichförmig nach allen Richtungen messen, solange gleichförmig geflogen wird; wir können die Maschine richtig in die Kurve legen, ohne daß unser Gleichgewichtsgefühl gestört wird, und sind uns ganz klar darüber, daß die Bewegung des Flugzeugs zweckmäßig nur auf die umgebende Luft bezogen wird, weil dies das selbstverständliche und einfache ist, wie bei der Bewegung des Menschen auf einem Schiff. Die Erde existiert nicht für uns.

Das Flugzeug und die umgebende Luft mit der Wolkendecke bilden offenbar ein »System der Bewegung«, das den Kirchturm nicht braucht.

Nun setzen wir, während das System ungeändert bleibt, die Erdoberfläche gegen dies System in Bewegung. Die Luft mit den Wolken bewegt sich nun über die Erde. Von dieser Änderung können wir über der geschlossenen Wolkendecke, die mit der Luft darüber verbunden ist, und uns den Anblick der Erde versperrt, nichts bemerken. Die Bewegung der Erde, die von West nach Ost (Ostwind) gerichtet sei, stört also das Bewegungssystem Flugzeug-umgebende Luft, in keiner Weise. Die Erde existiert nicht für uns, und wir merken nichts davon, daß sich unser kreisendes Flugzeug mit der ganzen umgebenden Luft und der Wolkendecke zusammen über der Erde verschiebt.

Nun klare es auf, die Wolkendecke verwandle sich in einzelne Ballen. Dann bemerken wir beim Fliegen mit Staunen, daß sich zwar in dem System Flugzeug-Luft (Wolkenballen) nichts gegen früher ändert, daß die Bewegung der Maschine gegen diese gleichförmig bleibt wie zuvor, daß aber, wenn

wir auf die E r d e blicken, die Bewegung des Flugzeugs u n -
g l e i c h f ö r m i g scheint, und in den Kurven, beim Kreisen
fast gesetzlos sind.

Als Wind bezeichnen wir an der Erde die Bewegung der
Luft gegen diese; die Bewegung des Flugzeugs gegen die Erde
werden wir zweckmäßig zusammengesetzt denken aus seiner
Eigenbewegung (gegen die Luft), und der »Trift«, wobei wir
die Bezeichnung Trift entsprechend der Trift auf See wählen,
um uns stets zu erinnern, daß uns diese ebenso wie beim Schiffe,
das auf hoher See oder in einem Strom treibt, meist unbemerkt
bleibt, während wir an den Begriff des »Windes« die Vor-
stellung knüpfen, daß wir ihn spüren.

Bewegt sich das Flugzeug in der umgebenden Luft,
und bewegt sich diese über der Erde, so hat es außer seiner
Eigenbewegung in der umgebenden Luft Trift über die Erde hin.

Für irgendeine Betrachtung aber ohne weiteres die Bewegung des Flugzeugs unmittelbar in Beziehung zur Erde
(Kirchturm) zu bringen, wäre töricht, weil diese Bewegung
nicht gleichförmig ist und äußerst verwickelt werden kann.

Indessen muß die Bezeichnung »Wind« statt »Trift« in
einem bestimmten Sinne auch für das Flugzeug bestehen
bleiben, weil der allgemeine Sprachgebrauch dies so eingeführt hat.

Über zwei gleichweit voneinander entfernten, mit der
Luft ziehenden Wolkenballen braucht das Flugzeug gleichviel Zeit, in welcher Richtung auch sie voneinander liegen
mögen. Beobachten wir aber, während die Luft sich im ganzen
wie vorhin angenommen, von Osten nach Westen bewegt,
die Bewegung des Flugzeugs unten auf der Erde, so bemerken
wir, daß es bei »Gegenwind«, d. h. Flug nach Osten, infolge
Rücktrift oder Gegentrift langsamer, und bei »Rückenwind«,
d. h. Flug nach Westen, infolge Vortrift schneller wird. Mit
»Seitenwind« sehen wir es mit einem Flügel schräg voraus
»schieben«. Die Bezeichnungen haben sich auf das Flugzeug
übertragen, und werden vom Flieger im gleichen Sinne gebraucht, was erklärlich ist zu einer Zeit, in der auch für den
Flieger das Fliegen noch einen abnormen Zustand bedeutet,
und alle Bewertung vom. sicheren Erdboden ausgeht.

Besser und klarer ist der Ausdruck Trift.

Verschwinden nun bei Trift die Wolken ganz, so hat der Flieger als Anhaltspunkt für seinen Flug nur noch sein Gleichgewichtsgefühl; für seine horizontale Lage den meist scharf ausgeprägten Horizont, aber nicht mehr den Blick nach unten. Dieser wird, da die Wolken fehlen, getäuscht durch die Erde; um so mehr, je stärker die Trift ist. Er sieht bei Gegenwind die Maschine langsam, bei Rückenwind schnell werden, sieht sie bei Seitenwind »schieben« und wird leicht unklar.

In der Nähe der Erde glaubt der Flieger, wenn er z. B. nach rechts »schiebt«, leicht, er habe ohne Absicht links in das Seitensteuer getreten, und nach rechts gegenverwunden, so daß er rutsche, macht nun, was gänzlich falsch ist, mit Absicht die entgegengesetzten Steuerbewegungen und rutscht oder schiebt wirklich.

Am schlimmsten kann die Irreführung in der Kurve werden, was im Kapitel der Kurve näher ausgeführt wird. Es ist nötig, nur das Meßgerät zu beachten, das Gleichgewichtsgefühl zu üben, und sich selbst, vor allem das Auge, von der Erde ganz frei zu machen, wenn man mit einiger Sicherheit und richtig fliegen will.

Kreisen zwei Flugzeuge umeinander, so verlagert sich ihr Ort mit der Geschwindigkeit und in der Richtung der Trift über die Erde. Bei einer Windgeschwindigkeit von 60 km/Std. z. B. in je 20 Minuten um 20 km.

Die Luftsäule zeigt in sich Bewegungsunterschiede, und wenn diese auch im allgemeinen nicht so groß sind, wie die zwischen Luft und Erde, so reichen sie doch vollkommen hin, um die Bewegung des Flugzeugs gegen die umgebende Luft, beim Höhenwechsel aus einer Luftschicht in eine andere, die sich gegen die erste bewegt, verwickelt zu machen.

Die Bewegung des Flugzeugs gegen die Erde kommt außer in einigen hier kurz angedeuteten Fällen bei Abflug und Landung in Frage.

Bei einer weiteren Reihe von Fällen wird dementsprechend gezeigt werden, wie das Flugzeug, das sich gegen eine Luftschicht bewegt, sich in einer anderen verhält, in die es hineingerät, und welche Maßnahmen der Flieger dann zu ergreifen hat.

Um sich von dem persönlichen Eindruck der Trift frei zu machen, ist es stets ratsam, erst einige hundert Meter vom Boden gegen den Wind geradeaus zu steigen, dann erscheint nur die Maschine langsam, aber man erhält nicht das störende Gefühl der Trift. Je höher man sich befindet, um so langsamer verschiebt sich scheinbar die Erde, und um so weniger merkt man auch bei Seitenwind oder in der Kurve von der Trift.

VI. Kapitel.

Die Berücksichtigung der Trift.

Wenn eine Maschine mit Rückenwind fliegt, so ist ihre Geschwindigkeit über der Erde = Eigengeschwindigkeit + Windgeschwindigkeit. Fliegt sie gegen den Wind, so ist die Geschwindigkeit über der Erde = Eigengeschwindigkeit — Windgeschwindigkeit.

Durch jeden Wind, gleichviel aus welcher Richtung er weht, wird die Flugdauer vergrößert, wenn man den Weg hin und zurück zu machen hat.

Es ist notwendig, sich vor Antritt des Fluges über die vermutliche Flugdauer auf Grund der vorhandenen Windbeobachtungen (Pilotballon-Anschnitte, Windbeobachtungen unten, Beobachtungen über Zugrichtung und Zuggeschwindigkeit der Wolken), ein möglichst genaues Bild zu machen, unter möglichster Berücksichtigung der voraussichtlichen zeitlichen und räumlichen Änderungen.

Stellt a den beabsichtigten, wahren Kurs auf der Karte dar (Fig. 1), b die Windrichtung und Geschwindigkeit in der gewünschten Flughöhe in Kilometer/ Stunde, so schlägt man um den Endpunkt von b, nämlich D, einen Kreis mit der Länge c = Eigengeschwindig-

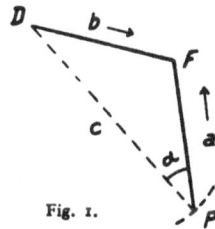

Fig. 1.

keit der Maschine in Kilometer/Stunde. Dann hat man mit dem Kurs PD auf der Karte zu fliegen, wenn man die Richtung a entlangkommen will. Denn in jeder Zeiteinheit, in der die Maschine in der Richtung PD mit der Geschwindigkeit c fliegt, wird sie in der Richtung und mit der Geschwindigkeit b nach F durch den Wind versetzt. PF stellt also zugleich in diesem Dreieck die wirkliche Geschwindigkeit über der Erde dar. Ist in unserem Figurenbeispiel z. B. $b = 80$, $c = 100$ km/Std., so würde sich die Maschine auf a, dauernd einen Kurs gleichgerichtet mit c anliegend (s. Figur), mit $PF =$ rund 40 km über die Erde bewegen.

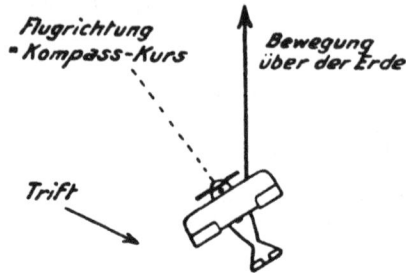

Fig. 2.

Eine Überschlagsrechnung oder Zeichnung nach diesem Beispiel empfiehlt sich vor jedem Flug, um den richtigen Kompaßkurs zu kennen, falls unter der Maschine vorübergehend Wolken auftreten, und um die Menge des erforderlichen Betriebsstoffes schätzungsweise zu kennen.

Bei flüchtigem Urteil kann der Flieger zu dem Ergebnis kommen, daß ihm Gegenwind auf einem Kurse für den Benzinverbrauch nichts ausmache, weil er beim Rückweg dafür wieder Benzin spare. Ein Beispiel soll zeigen, daß dies falsch ist. Die Maschine fliege bei Westwind von 50 km/Std. nach Westen mit einer Eigengeschwindigkeit von 100 km zu einem Ziel, das 100 km entfernt ist; dann beträgt die Geschwindigkeit der Maschine über der Erde 100—50 km = 50 km/Std. Zwei Stunden dauert es also, bis das Ziel erreicht ist. Zurück fliegt die Maschine mit einer Geschwindigkeit von 100 + 50 = 150 km/Std., braucht also für die Strecke vom Ziel zurück 40 Minuten, insgesamt also 2 Stunden 40 Minuten, gegen 2 Stunden bei Windstille.

Jeder Wind vergrößert vielmehr die Flugdauer, wenn man zum Flughafen wieder zurück will.

Die meisten Flieger wagen sich nur ungern außer Sicht der Erde.

Auf längere Zeit ist es auch nicht ratsam, über die Wolken zu gehen, weil die Trift mit der Zeit und dem Raume sich lang-

sam ändert, und die Maschine beim Wiederinsichtkommen
der Erde dann gelegentlich nicht einmal in der Nähe des
vorausberechneten Ortes ist; das kann zum Verirren führen.

Am besten ist sorgfältiges Vorausberechnen, unter Berücksichtigung der Änderungen des Windes in Raum und Zeit.

Zum Notbehelf macht man es so, daß man, in Sicht der
Erde fliegend, Geländelinien unter der Maschine wählt, die
in der beabsichtigten Flugrichtung auf der Karte laufen.

Diese Geländelinien sind bald Chausseen, bald Waldränder,
Gräben, Flußläufe, Eisenbahnlinien u. dgl. m. Den Winkel,
um den man von der beabsichtigten Flugrichtung abweichen
muß, um der Abtrift durch den Wind zum Einhalten der
Geländelinie gerecht zu werden, sieht man dann sofort und
anschaulich durch einen Blick auf die Maschine und nach
unten. Der Kompaßkurs, den man dabei abliest, ist zugleich
der, den man weiter fliegen muß, wenn die Erde außer Sicht
kommt.

Diese Vereinfachung hat den Vorteil, daß man die Be-
einflussung des Kompasses durch die Maschine und die Mißweisung nicht zu berücksichtigen braucht, und daß man,
statt mit der wahrscheinlichen Versetzung durch den Wind
— nach vorherigen Beobachtungen desselben und Mutmaßungen
über die räumlichen und zeitlichen Änderungen — mit der tat-
sächlichen, selbst beobachteten Versetzung rechnet, wenn man
die Höhe ungefähr beibehält. Nur wenn man die Absicht hat,
etwa eine geschlossene Wolkendecke zu durchstoßen oder in
ihr zu fliegen, ist sie unanwendbar, weil oben anderer Wind
herrschen kann.

VII. Kapitel.
Die Luft als Flüssigkeit.

Die Luft ist ein gasförmiger Körper und als solcher dem
Auge nicht wahrnehmbar. Wir haben gesehen, welche Schwierigkeiten hieraus dem Flugzeugführer erwachsen, der den Körper,
den Raum, auf den er seine Bewegung beziehen muß, nicht
wahrnimmt, wenn nicht dichte mit der Luft treibende Wolken
unter dem Flugzeug die Arbeit erleichtern.

Aber die Luft ist als gasförmiger Körper obendrein leicht deformierbar und dies ist eine Eigenschaft, die allen Anforderungen beim Fliegen im Grunde genommen zuwiderläuft.

Tatsächlich wird die Luft beim Fliegen wie eine wenig deformierbare und zusammendrückbare Flüssigkeit behandelt.

Ermöglicht wird dieser kühne Ausweg durch die S c h n e l - l i g k e i t , mit der die Tragflächen, Ruderflächen und die Luftschraube auf die Luft einwirken, die trotz ihrer elastischen Eigenschaften und ihrer Gasform dem s c h n e l l e n Stoß nicht ausweichen kann.

Hierauf beruht auch die Kraftäußerung der Luft beim Sturm, und die fortpflanzende Wirkung des Luftstoßes bei einer Explosion.

Erfahrungsgemäß wird die Luft erst merklich zu einer wenig zusammendrückbaren Flüssigkeit bei einer Bewegung von etwa 15 bis 20 Metern in der Sekunde. Erst von dieser Bewegung an gegen die Luft beginnt das Fliegen.

VIII. Kapitel.
Übergang in eine andere Luftschicht.

Über der Luftschicht, in der das Flugzeug fliegt, liege eine andere Luftschicht, die in gleicher Richtung wie das Flugzeug sich gegen die untere bewegt. Sie ist »Rückenwind« für die hineinsteigende Maschine. Das Flugzeug habe im Vergleich zu der unteren Luftschicht eine Geschwindigkeit von 120 km/Std., die obere habe im Vergleich zur unteren eine Geschwindigkeit von 20 km/Std.

Dann hat das Flugzeug in dem Augenblick, in dem es in die obere Schicht gelangt, nur eine Geschwindigkeit von 100 km/Std. im Vergleich zu der oberen Luftschicht. Da Luftschraube und Motor ihm in der umgebenden Luft eine Geschwindigkeit von 120 km/Std. geben können, wird das Flugzeug bald auf diese Geschwindigkeit auch in der oberen Schicht kommen; zunächst aber, bis das Beharrungsvermögen überwunden ist, s i n k t die Geschwindigkeit gegen die umgebende Luft infolge Beharrung. Die Abnahme der Geschwindigkeit kann je nach der Bewegung der oberen

Schicht gegen die untere so stark sein, daß die Steigfähigkeit des Flugzeugs vermindert wird, ja überhaupt aufhört, weil in der neuen Umgebung die Geschwindigkeit nicht mehr ausreicht, das Flugzeug zu tragen.

Das Flugzeug steigt also schlecht in Rückenwind hinein und wenn der Windsprung, oder der Geschwindigkeitsunterschied sprunghaft und groß genug ist, fällt es einfach wieder aus der oberen Schicht heraus, und ist nicht hineinzubringen.

Um nicht gelegentlich beim Steigen unnütz gegen Rückenwind anzukämpfen, den man erst nach einiger Zeit am Höhenmesser bemerken würde, ist es empfehlenswert, zum Steigen weite Kreise zu machen. Allerdings geht ein Teil des Beharrungsvermögens infolge der dauernden Kursänderung für die Steigkraft der Maschine hierbei verloren.

Die obere Schicht sei Gegenwind, bewege sich entgegengesetzt wie das Flugzeug zur unteren Luftschicht, wieder mit 20 km/Std. Dann hat das Flugzeug in der unteren Schicht im Vergleich zur oberen 140 km/Std. Geschwindigkeit bei einer Eigengeschwindigkeit von 120 km/Std. Auch in der neuen Schicht wird es auf die Dauer nur 120 km/Std. haben, aber erst, wenn es seine Beharrung eingebüßt hat. Zunächst kommt es mit 140 km/Std. in der oberen Schicht an, und steigt daher vorübergehend, als hätte es plötzlich einen viel stärkeren Motor.

Bewegt sich die obere Schicht gegen die untere als Seitenwind, z. B. gegen das Flugzeug von links nach rechts, so »schiebt« das Flugzeug in bezug auf die obere Schicht nach links, in dem Augenblick, wo es in diese hineinsteigt; der Druckmittelpunkt der Luft unter den Tragflächen verlagert sich also nach links und die Maschine nimmt infolgedessen selbsttätig den linken Flügel zur Gleichgewichtslage etwas hoch. Den rechten Flügel also bei Seitenwind von rechts. Weiter unten wird wiederholt darauf hingewiesen werden, daß das selbsttätige Hochnehmen des Flügels stets verspätet erfolgt; mit einem Hinausgehen über die Gleichgewichtslage, und folgendem Zurückpendeln verbunden ist. Ein empfindlicher Flieger wird daher, wenn er in »Seitenwind« hineinsteigt, selbsttätig die Maschine in die Gleichgewichtslage, also schräg legen.

Eine Maschine, die in »Seitenwind« hineinsteigt, muß etwas auf einem Flügel hängen.

Ganz die gleichen Vorgänge treten ein, wenn die Maschine beim Gleitflug aus ihrer Schicht in Rückenwind, Gegenwind und Seitenwind kommt. Die Maschine wird entsprechend sacken, schweben und hängen. Ausgangspunkt hierbei ist stets die Schicht, in der sich die Maschine befand.

Steigt die Maschine in Gegenwind hinein, so wird sie schwanzlastig, in Rückenwind kopflastig.

Ebenso wird die Maschine kopflastig, wenn sie aus der bisherigen Schicht in Gegenwind gleitet, also z. B. mit Rückenwind landen will. Denn in der Nähe der Erde nimmt ja der Wind stets mit der Höhe zu.

Besonders im Winter finden wir gelegentlich eine Schichtung der Luft, die beim Abstieg Schwierigkeiten bereiten kann: über einer dünnen, oft nur 100 m mächtigen stillen Schicht eine stark strömende. Bei dieser Schichtung ist es zweckmäßig, beim Übergang zur Landung den Motor noch laufen zu lassen, und ziemlich steil in die untere Schicht einzutauchen.

Eine Maschine z. B., die mit 100 km/Std. unter 60⁰ in einem Gegenwind von 50 km/Std. taucht, hat in bezug auf eine stille Schicht am Boden eine wagrechte Geschwindigkeit = 0, aber eine senkrechte von 87 km/Std.

Hätte sie nur die wagrechte, so würde sie wegen Beharrung in der stillen Unterschicht durchsacken, und bei der Landung Gefahr laufen, zerstört zu werden. Die senkrechte hilft, daß sie steuerfähig bleibt, und wird als Beharrung beim langsamen Hochnehmen der Maschine nutzbar gemacht.

In den unteren Schichten, wo die Maschine ohnehin zur Landung abgefangen werden muß, macht sich die Neigung zum Sacken bei dem regelmäßigen Gegenwind zwar bemerkbar, aber nicht unangenehm. Die Maschine fängt sich beim Landen im Gegenwind eigentlich selbst ab.

Bei Rückenwind hingegen erfordert das Abfangen oft große körperliche Anstrengung (»ziehen«), sofern es überhaupt gelingt.

Infolge der Rechtsdrehung des Windes mit der Höhe, die in der Nähe der Erde infolge der Reibung sehr gesetzmäßig auftritt, und bis 500 m etwa 40⁰ ausmacht, ist es am behaglichsten, in einer entsprechenden Linkskurve zu landen.

IX. Kapitel.
Abflug und Landung.

Abflug und Landung bedeuten den Übergang der Bewegungssysteme Flugzeug-Erde und Flugzeug-Luft ineinander.

Wir hatten bei dem Übergang des Flugzeugs aus einer Luftschicht in eine andere, die in bezug auf die erste Bewegung hat, als Hauptschwierigkeit das Beharrungsvermögen kennengelernt, das die Maschine in bezug auf die neue Schicht in der alten hatte, und das in der neuen erst überwunden werden muß, bis die Maschine die Geschwindigkeit erlangt hat, die sie durch Motor und Luftschraube gegen die umgebende Luft in jeder Luftschicht bekommt.

Auch beim Wechsel der Bewegungssysteme Flugzeug-Erde und Flugzeug-Luft kommt es nur auf die Beharrung an, die das Flugzeug in sein neues Bewegungssystem mitbringt, und die erst in diesem überwunden werden muß.

Zum Abflug wird nachgesehen, ob beide Magneten eingeschaltet sind, und der Zündungshebel auf Frühzündung steht, dann wird die Gasdrossel ganz geöffnet; nun kommt die Maschine rasch in Fahrt auf dem Boden. Beginnt sie zu rollen, so wird allmählich schwach auf das Höhensteuer gedrückt, und der Schwanz hierdurch in die gleiche Lage gebracht, in der er beim Fluge in der Luft liegt. Hierdurch vermindert sich der Luftwiderstand der Schwanzflosse und der bisher nach hinten geneigten Tragflächen. Die Maschine bekommt Fahrt.

Werden die Räder stark durch hohes Gras, weichen Boden usw. gebremst, so ist, sobald der Schwanz abgehoben ist, schwaches »Ziehen« am Höhensteuer erforderlich, um zu verhindern, daß die Maschine durch die Luftschraube vornüber gezogen und auf den Kopf gestellt wird.

Die Höchstgeschwindigkeit, die das Flugzeug auf solchem Boden bekommen kann, ist begrenzt. Ist die Höchstgeschwindigkeit beim Anlauf nicht mindestens so groß, wie sie in der Luft sein muß, um das Flugzeug gerade zu tragen, so kommt es nicht vom Boden frei.

Das Flugzeug ist beim Verlassen des Bodens in ganz der gleichen Lage, wie beim Verlassen einer Luftschicht nach oben in eine andere hinein, die gegen die erste Bewegung hat. Es kommt in die Luft nur mit der Beharrung, die es in bezug auf die Luft am Erdboden hatte. Also gutes Steigen, kurzer Anlauf bei Gegenwind; schlechtes Steigen, langer Anlauf bei Rückenwind. Bei Rückenwind kann es sehr leicht geschehen, daß die Geschwindigkeit, die am Boden erlangt werden kann, überhaupt nicht ausreicht.

Nehmen wir z. B. an, daß die Maschine 80 km/Std. Geschwindigkeit gegen die Luft braucht, um sich gerade noch zu tragen, und auf dem Boden nur eine Höchstgeschwindigkeit von 90 km/Std. wegen der Reibung (hohes Gras u. dgl.) oder wegen Kürze der Anlaufbahn erreicht. Dann kann sie bei Stille gut starten, bei 20 km/Std. Gegenwind wird sie sich bereits mit 60 km/Std. Geschwindigkeit über dem Boden abheben, bei 20 km/Std. Rückenwind dagegen überhaupt nicht vom Boden freikommen, weil 100 km/Std. Geschwindigkeit auf dem Boden hierzu erforderlich wären.

Abflug gegen den Wind. In den untersten 500 m nimmt der Wind erfahrungsgemäß stets beträchtlich mit der Höhe zu; d. h. er ist oben stärker als unten. Abflug gegen den Wind erleichtert also nicht nur den Abflug selbst, sondern auch das weitere Steigen bis zu der Höhe, bis zu der der Wind zunimmt. Denn bis zu dieser Höhe steigt die Maschine unter den im vorigen Kapitel ausgeführten Bedingungen »mit Gegenwind«.

Anlaufen mit Rückenwind bringt die Gefahr mit sich, daß die sehr rasch mit hohem Schwanz über den Boden eilende Maschine sich leicht überschlägt.

Zu einem Abflug mit Rückenwind liegt auf ebenen Plätzen kaum Veranlassung vor; auch wenn man gut vom Boden wegkommt, geht durch das folgende schlechte Steigen mit Rückenwind meist mehr Zeit verloren, als wenn man über den ganzen Platz gerollt wäre, um mit Gegenwind abzufliegen.

Nur bei leicht abfallendem Gelände, hinter hohem Gehölz u. dgl. hat der Abflug mit Rückenwind Berechtigung, weil bei abfallendem Gelände eine Maschine auch mit Rückenwind meist genug Geschwindigkeit am Boden bekommen kann, jedenfalls erheblich mehr als bei ebenem Gelände; und weil ein Abflug gegen hohe Hindernisse (Bäume u. dgl.) stets gefährlich ist. Die Gefahr, sich zu überschlagen, wächst aber stets bei Rückenwind.

Allgemein muß man verhüten, daß die Räder und das Fahrgestell in anderer Richtung als der Hauptachse des Flugzeugs beansprucht werden. Die Maschine muß, so lange sie schnell rollt, immer geradeaus gehalten werden; macht man eine Kurve auf dem Boden, während die Maschine rollt, dann behält sie, obgleich sie mit ihrer Achse in die neue Richtung weist, ihre alte Bewegungsrichtung infolge Beharrung bei und drückt sich über die Räder und das Fahrgestell, diese zerstörend, zur Seite ab. Drehungen auf dem Boden (Kurven beim Rollen) müssen also mit geringer Geschwindigkeit gemacht werden.

Hieraus ergibt sich auch ohne weiteres die Gefahr für den Abflug mit Seitenwind.

Abflug mit Seitenwind. Ist die Maschine mit Seitenwind frei vom Boden, und setzt, während sie schon ihre Beharrung, die sie am Boden bekommen hatte, teilweise oder ganz verloren hat, nochmals auf, so »schiebt« sie am Boden, und scheert sich die Räder seitwärts ab. Bei mäßigem Wind kann ein gewandter Flieger sich damit helfen, daß er in dem Augenblick, wo die Maschine nochmals aufsetzen will, sie schnell so dreht, daß die Räder richtig rollen können; bei erneutem Abheben hat er dann allerdings den Wind halb im Rücken; setzt dann die Maschine nochmals auf, und wird wieder mit einer kurzen Drehung der Maschine das Abscheeren der Räder verhütet, so wird der Abflug allmählich zum Abflug mit Rückenwind.

Dreht der Flieger beim erneuten Aufsetzen in die verkehrte Richtung, gegen den Wind, so wird das Abscheeren der Räder beschleunigt.

Es handelt sich also bei Seitenwind darum, die Maschine fest am Boden zu halten, bis sie mit Sicherheit ganz frei kommen kann; zugleich muß man dagegen ankämpfen, daß die Wirkung des Seitenwindes auf Seitenruder und Schwanz die Maschine herumdreht.

Jede Maschine mit rechtsdrehender Luftschraube will beim Abflug nach links drehen infolge des Luftschraubenstromes, der nach rückwärts rechts geworfen wird; Seitenwind rechts ist dann weniger bedenklich als Seitenwind links, bei dem die Maschine sehr leicht aus dem Ruder läuft, und sich gegen den Wind stellt.

Bei der Landung ist für das Flugzeug der Vorgang ganz ähnlich, wie wenn eine Luftschicht beim Gleitflug verlassen wird.

Kurz vor dem Aufsetzen wird das Flugzeug »abgefangen«, d. h. aufgerichtet, so daß es nun allmählich Geschwindigkeit verliert. In größerer Höhe würde es in der gleichen Lage sacken, d. h. den Kopf nach unten nehmen und ein Stück stürzen. An der Erde aber bildet sich unter den Flügeln ein Luftpolster, weil die Luft nicht ausweichen kann, und auf diesem Luftpolster schwebt die Maschine aus, d. h. verliert allmählich ihre Geschwindigkeit. In dem Augenblick, wo sie soviel Geschwindigkeit verloren hat, daß sie trotz des Luftpolsters »sacken« würde, soll sie unter einem gewandten Führer mit den Rädern gerade den Boden berühren.

Die Räder sollen also beim Ausschweben dicht über dem Boden sein. Je tiefer der Führer bei der Landung sitzt, um so genauer kann er dies abmessen.

Das Luftpolster trägt mittags infolge der Luftunruhe über dem erhitzten Boden schlechter als morgens und abends. Die Maschine kann infolgedessen nicht so lange ausschweben, und landet mittags mit viel längerem Auslauf.

Landung bei Wind. Das Flugzeug habe 100 km/Std. in der Luft dicht am Boden, der Boden bewege sich im Sinne von Rückenwind zu der Luft, oder was dasselbe ist, die Luft bewege sich als Gegenwind mit 40 km/Std. über den Boden, dann hat das Flugzeug, auf die Erde bezogen, nur 60 km/Std., wird also nach kurzem Rollen die Beharrung verloren haben, und stehen. Würde das Flugzeug in entgegengesetzter Richtung landen, so hätte es gegen den Boden eine Geschwindigkeit von 140 km/Std.

Die Gefahr, sich bei der Landung zu überschlagen, ist selbst bei ganz schwachem Rückenwind groß. In jedem Fall wird der Auslauf dann sehr lang, wenn man nicht gerade bergauf landet.

Dazu kommt, daß die Maschine, wenn sie aus 500 m, wo der Rückenwind noch sehr viel stärker ist, zur Landung schreiten will, erst eine beträchtliche Beharrung verloren haben muß, um am Boden in der Luft nur noch zu schweben: Die Maschine schwebt bei Rückenwind lange aus, selbst wenn man sie langsam herunter genommen hat, und will durchaus nicht auf die Erde.

Bei der Landung mit Seitenwind »schiebt« die Maschine, scheert sich also, wenn der Wind einigermaßen stark ist, das Fahrgestell ab.

Bemerkt man das Schieben bei der Landung, so wird man durch energische Verwindung außer durch Seitensteuer korrigieren.

Schiebt also die Maschine nach rechts, so verwindet man kurz nach links, und tritt rechts ins Seitensteuer, so daß die Maschine nach rechts gedreht ist beim Aufsetzen.

Ein gewandter Flieger hilft sich, wenn er g e z w u n g e n ist, mit Seitenwind zu landen, in der Weise, daß er die Maschine in der entgegengesetzten Richtung, in der sie durch den Wind geschoben wird, in einer Kurve zum Rutschen bringt. Landet man mit Seitenwind links, hat aber die Maschine in der Luft so nach links rutschen lassen, daß ihre Achse zwar zur Bewegungsrichtung in der Luft einen Winkel bildet, aber in die gleiche Richtung weist, wie die Beharrung, bezogen auf die Erde, so rollt die Maschine beim Aufsetzen normal aus. Gewöhnlich wird sie am Schluß des Auslaufs bei Seitenwind durch diesen ziemlich kurz herumgedreht; der Auslauf wird daher bei Seitenwind meist kurz.

Das seitliche Rutschen wird man ungern durch »Hängenlassen«, also einfaches Schrägstellen der Maschine erzeugen.

Man hilft sich damit, daß man in einer Kurve landet, die absichtlich etwas flach genommen wird. Zwingt z. B. das Gelände dazu, mit Seitenwind links zu landen, so fliegt man das Gelände so an, daß es rechts liegt, und schwenkt dann mit einer absichtlich zu flachen Rechtskurve darauf ein.

Bei Notlandungen erkennt man gelegentlich in letzter Minute, daß der im Gleitfluge ausgewählte Platz doch nicht geeignet ist (Sumpf statt Wiese z. B.). Dann bleibt nichts übrig, als rechts und links nach Landeplatz zu suchen, und dort mit Seitenwind zu landen.

Eine Landung mit geringem Seitenwind ohne Rücksicht auf diesen gibt einen sehr kurzen Auslauf, weil die Maschine »schiebt«, also seitwärts gegen die Räder drückt, wodurch diese stark bremsen. Gewandte Flieger erreichen das gleiche bei der Vorführung von Maschinen, indem sie beim Aufsetzen die Maschine mit dem Seitensteuer etwas nach links oder rechts reißen. Die Maschine drückt dann in der Richtung der Beharrung gegen die ein wenig schräg hierzu stehenden Räder, die nun stark bremsen.

Allerdings gehört eine gute Beherrschung der Maschine dazu, damit Fahrgestell und Räder hierbei seitlich nicht stärker beansprucht werden, als sie es vertragen.

Ein beträchtlicher Teil aller Maschinen findet dabei sein Ende, daß beim Aufsetzen auf die Erde die Flugzeugachse, und die Richtung, in der die Räder rollen können, nicht die gleiche ist wie die der Beharrung, oder daß, in der Fliegersprache ausgedrückt, die Maschine bei der Landung »schiebt«, und sich das Fahrgestell abscheert.

Es ist daher die wichtigste Faustregel für die Landung, daß man beim Aufsetzen die Maschine in die Richtung drehen muß, in der sie sich gegen den Boden bewegt. Den richtigen Maßstab dafür zu bekommen, wieviel man noch gerade ohne Schaden beim Aufsetzen schieben darf, ist selbst für einen gewandten Flieger, und wenn die Festigkeit des Materials genau bekannt ist, sehr schwer.

Aber wer ist auf die Dauer gewandt?

Besser hält man sich selbst freiwillig und bescheiden für mittelmäßig, und erbringt nicht unbeabsichtigt den Beweis dafür, daß man es doch ist.

Schwanzlandung. Kennt man die Maschine, so kann man eine sogenannte »Schwanzlandung« machen; man senkt langsam unmittelbar vor dem Aufsetzen den Schwanz der Maschine nach unten, so daß dieser zugleich mit den Rädern aufsetzt und durch die stärkere Reibung am Boden, und den größeren Luftwiderstand der nun schräg stehenden Flächen der Auslauf verringert wird.

Bei Schwanzlandungen neigen die Maschinen dazu, etwas zu springen. Bei den regelmäßigen »Strich«-Landungen ist dafür der Auslauf größer.

Die Landung ohne Wind, und gegen starken Wind ist grundsätzlich verschieden.

Bei Stille wird man stets eine Schwanzlandung anstreben, bei starkem Wind dagegen muß man den Schwanz der Maschine so hoch als möglich halten.

Bei Stille besteht nur die Gefahr, daß sich die Maschine durch Hemmung der Räder nach vorn überschlägt.

Bei stürmischem Wind hingegen wird die Maschine, selbst wenn sie sehr hart gelandet wird und auf den Kopf gehen will, durch den Wind herabgedrückt; hat man dagegen bei starkem Wind den Schwanz tief, so wird sie vorn leicht wieder angelüftet, und fällt dann meist auf einen Flügel, oder überschlägt sich schräg zur Seite.

Bei stürmischem Wind muß man sich bemühen, noch, wenn die Maschine schon still steht, den Schwanz der Maschine hoch in der Luft zu haben; man muß sie an den Boden pressen! Bei Stille hingegen soll man sie so lange als möglich vom Boden wegzuheben suchen.

Bei schwachem Wind verkürzt man den Auslauf, indem man bergauf, also im Windschatten eines Hügels landet, und die Maschine bergauf laufen läßt. Bei starkem Wind muß man auf der Höhe selbst landen, weil die Maschine fast nur sich senkt, sich wenig vorwärts bewegt, und also beim Bergauflanden gegen den Berg rennt, und leicht das Fahrgestell überlastet. Bei sehr steifem Bodenwind kann man sogar unbedenklich bergab landen, aber mit hohem Schwanz, wenn es nicht gar zu steil in die Tiefe geht.

Kraftüberschuß. Die Strecke, die ein Flugzeug zum Anlauf braucht, um vom Boden frei zu kommen, beträgt heute rund 100 m; der Auslauf ist meist ebenso groß.

Belastung, Wind und Geschick des Fliegers können die Länge des Auslaufs und Anlaufs stark verändern.

Anlauf und Auslauf sind nur deshalb erforderlich, weil die Trägheit oder Beharrung der Maschine erst allmählich vom Motor bzw. bei der Landung von der Reibung und dem Luftwiderstand überwunden werden kann.

Der Motor beim Abflug und ebenso Reibung und Luftwiderstand bei der Landung erteilen der Maschine Beschleunigung in der Flugrichtung und der Gegenrichtung. Reibung
und Luftwiderstand bewirken bei der Landung, daß die Geschwindigkeit der Maschine von 60—90 km/Std., die unsere
heutigen Maschinen nach reichlichem Ausschweben besitzen,
innerhalb von rund 100 m Rollen auf der Erde auf 0 gesunken ist.

Zum Abflug braucht das heutige Flugzeug eine Geschwindigkeit von rund 70—100 km/Std.

Diese hat es ebenfalls nach einer Anlaufstrecke von etwa
100 m. Die Motorkraft erteilt aber nach dem Abflug immer
weitere Beschleunigung, und die Geschwindigkeit des Flugzeugs in der Luft wird nur dadurch begrenzt, daß der Luftwiderstand rasch, mit ungefähr dem Q u a d r a t der Geschwindigkeit mitwächst.

Der Unterschied zwischen der Höchstgeschwindigkeit,
die die Maschine beim Geradeausflug bekommt, und der
Geschwindigkeit, mit der sie sich gerade noch trägt, sei
als Kraftüberschuß bezeichnet. Von ihm hängt Steigvermögen,
Wendigkeit und Tragvermögen der Maschine ab.

Lande- und Abflugbahnen haben grundsätzlich verschiedene Eigenschaften. Die Abflugbahn soll so glatt und reibungs-
los als möglich, und die Landebahn rauh und bremsend sein.

Für den Abflug erscheint ein Parkettboden als Ideal,
für die Landung eine weiche Wiese mit dichtem Gras, das aus
Rücksicht auf die Luftschraube nicht zu hoch sein soll.

Bei Abflug und Landung kommt es nicht bloß auf die kurze
Anlauf- und Auslaufstrecke selbst an, sondern fast mehr
auf das umliegende Gelände.

Ein Kreis von 200 m genügt zwar im allgemeinen. Aber die
Maschine muß bereits ausgeschwebt sein, wenn sie ankommt,
und muß hierbei bereits sehr tief sein. Ebenso kann sie nach
dem Anlauf erst langsam steigen, und kann hierbei nicht über
Hindernisse springen. Die Umgebung des Platzes muß also
niedrig und möglichst auch zu einer Notlandung geeignet sein.

Je größer der Kraftüberschuß einer Maschine ist, um so
dichter mag der Flugplatz umbaut sein und umgekehrt.

Im Sommer bilden sich senkrechte Bewegungen der Luft
über dem Boden um so stärker aus, je trockener und dunkler

der Boden ist, und je höher er liegt. Auf nassen Wiesen kann man selbst in der stärksten Sonnenstrahlung meist noch ganz gut landen. Mittags, wo das Luftpolster schlecht trägt, und die Maschine daher langen Auslauf hat, sollte man möglichst solche Wiesen als Notlandeplätze wählen.

Für die Anlage von Flugplätzen allerdings muß man sich vergegenwärtigen, daß auf diesen eben beschriebenen Stellen sich mit Vorliebe Bodennebel während der Nacht bilden.

Notlandung. Bei einer Notlandung soll man sich den Landeplatz (wegen Höhe des Grases, Gräben, Zäune) möglichst mit der Sonne im Rücken ansehen. Muß man also gegen die Sonne wegen des Bodenwindes landen, so ist es besser, eine Kurve um den Landeplatz zu machen, statt gegen die Sonne in längerem Gleitflug auf unübersehenes Gelände zu gehen. Seitliche Sonne blendet nicht.

Ansteigendes und abfallendes Gelände ist als solches von oben nur aus geringer Höhe zu unterscheiden, also meist, wenn es zu spät ist.

X. Kapitel.

Richtungsänderung im Fluge.

Nur nach unten läßt sich eine Richtungsänderung sprunghaft, ohne Übergang ausführen, indem man das Höhensteuer nach vorn drückt.

Jede horizontale Richtungsänderung beim Fluge vollzieht sich ähnlich, wie die Kurve des Radfahrers im Velodrom, ist mit einem Schräglegen der Maschine verbunden und heißt deshalb auch Kurve. Eine Kugel in einem Kessel oder ein Radfahrer im Velodrom werden zwangsläufig geführt durch die festen Wände, die sie entlanggleiten. Ihre kinetische Energie bleibt dabei vollständig erhalten. Anders bei der Kurve in der Luft. Sie ist nur möglich durch Vergrößerung der Anstellwinkels der schrägliegenden Tragflächen, also durch relative Bremsung.

Tritt man nur ins Seitensteuer, um in einer anderen Richtung als bisher weiter zu fliegen, so geht folgendes vor sich:

Die Maschine rutscht infolge Trägheit in der bisherigen Richtung weiter, also mit dem äußeren Flügel voraus. Da der Druckmittelpunkt der gesamten Fläche aber immer auf dem v o r d e r e n Drittel liegt, hebt sich der äußere vorausrutschende Flügel: die Maschine legt sich in die Kurve. Im ersten Teil der Kurve liegt die Maschine bei ausschließlicher Benutzung des Seitensteuers zu flach in der Kurve, sie rutscht nach außen; erst dieses Rutschen nach außen bewirkt, daß sie sich nun selbsttätig richtiger in die Kurve legt. Die Wirkung hiervon ist wieder infolge Pendelwirkung ein »Überpendeln«. Die Maschine legt sich mit anderen Worten infolge Trägheit, nachdem sie einmal selbsttätig angefangen hat, ihren äußeren Flügel hochzunehmen, zu steil in die Kurve. Das Seitenruder ist also nicht geeignet, um Kurven zu fliegen; es dient im wesentlichen zum Geradeaushalten der Maschine, oder zur Vermeidung von Drehungen.

Besonders stark sind die Pendelschwingungen bei sogenannten automatisch stabilen Maschinen, bei denen die Flügelenden etwas hochgenommen sind, und die bei jedem äußeren Anlaß ins Pendeln geraten; sie beschränken die Willensfreiheit des Führers und stellen mitunter geradezu die Lenkbarkeit des Flugzeugs in Frage.

Sie sind nur Schönwettermaschinen; denn wenn bei böigem Wetter ein Flügel der Maschine hochgenommen wird durch einen Windstoß, so läßt er sich bei einer solchen Maschine nur langsam wieder herunterzwingen; ferner pendelt dann die Maschine nach der entgegengesetzten Seite. Beim Aufsetzen auf die Erde bewirkt das Pendeln Zerstörung des Fahrgestells. —

Man muß also bei einer Kurve oder Richtungsänderung gleich mit Verwindung und Höhenruder arbeiten.

Eine Kurve darf nicht zur Spirale werden; d. h. sobald die Maschine schräg gelegt ist zur Kurve, soll die Schräglage die gleiche bleiben, bis der Geradeausflug wieder folgt.

Die Kurve ist ein Kreis oder ein Teil eines solchen, die Tragflächen beschreiben eine Kegelfläche.

Zu jedem Durchmesser der Kurve gehört eine bestimmte Schräglage der Maschine.

Die Maschine muß soweit in die Kurve gelegt werden, daß sie stets die Luft unter den Tragflächen senkrecht zur Flugrichtung preßt, oder daß man in der Wegkrümmung den Wind weder von rechts, noch von links spürt, sondern von vorn unten.

Man fühlt die richtige Lage auch durch das Gleichgewichtsgefühl des Körpers, sieht sie am Gleichgewichtsprüfer, der keinen Ausschlag gibt. Muß man sich gegen die innere Seite des Rumpfes lehnen, um im Gleichgewicht mit Schleuderkraft und Schwere zu sein, so liegt die Maschine zu flach; muß man sich nach außen lehnen, so liegt sie zu steil.

Liegt die Maschine richtig, so gleitet sie wie ein Fahrrad an den schrägen Wänden des Velodroms, oder eine Kugel in einem runden Kessel. Allerdings »slipt« sie dabei immer etwas nach außen unten, weil die Luft nachgibt, oder fliegt mit einem je nach dem Durchmesser der Kurve vergrößerten Anstellwinkel.

In engen Kurven steht die Maschine fast auf einem Flügel. Das Seitenruder wirkt als Höhenruder, muß also fast geradeaus gestellt werden. Die enge Kurve wird nur mit Verwindung und Höhensteuer geflogen.

Dreht die Maschine um $\frac{1}{4}$ Kreis, so hilft die Beharrung, die infolge des vergrößerten Anstellwinkels der Tragflächen rasch verloren geht, im Gegensatz zum Velodrom, in der neuen Richtung nicht merklich tragen. Die Maschine muß also in dieser Richtung erst in Fahrt gebracht werden. Je nach dem Kraftüberschuß der Maschine gehört hierzu eine bestimmte Strecke und Zeit, ungefähr gleich dem Anlauf am Boden.

Zu einem $\frac{1}{4}$ Kreis braucht die heutige normale Maschine etwa 6 Sekunden, und der Halbmesser des Kreises ist etwa 100 m, vorausgesetzt, daß die Maschine nicht an Höhe zusetzen soll.

Man kann, wie das nächste Kapitel zeigen wird, den Kreis nicht beliebig eng machen. Indessen läßt sich die Drehzeit immerhin auf rund die Hälfte der normalen durch Drücken oder Höhenverlust herabsetzen, ohne daß die Maschine aus dem Ruder läuft.

Die Maschine sackt oder verliert Höhe verhältnismäßig bei jeder, auch der flachsten Kurve; stieg sie vorher, so steigt sie bei großem Kraftüberschuß zwar noch weiter in der Kurve, aber schlechter als vorher.

Je enger man die Kurve macht, um so mehr muß man den Kopf nach unten drücken, um für die fehlende Beharrung die Schwere als Ersatzkraft zu verwenden, und die zum Tragen erforderliche Geschwindigkeit neu zu bekommen.

Überschuß an Geschwindigkeit oder unnötige Beharrung, wie sie bei neueren Maschinen und nach starkem Drücken vorkommen, wird wie im Velodrom dadurch beseitigt, daß man im Beginn der Kurve die Maschine in die Höhe laufen läßt, und sie nach Überwindung der steilsten Stelle wieder drückt.

Mit dem Ausdruck »Spiral«-Gleitflug meint der Flieger einen Schrauben- oder Kurven-Gleitflug, der eine Kurve ohne Gas ist.

Bei dieser Kurve wird die Motorkraft durch die Schwere ersetzt; es muß verhindert werden, daß die Maschine sich immer steiler legt, oder Spiralen dreht, weil eine Beschleunigung der Drehung, wie sie mit einer Spirale verbunden ist, unheilvoll wird.

Der Kurven- oder Schraubengleitflug ist für die untersten 500 m bemerkenswert, weil er hier starke Windrichtungs-änderungen passiert.

Zur Landung soll die Maschine gegen den Wind gleiten. Ist sie vorher mit Rückenwind geglitten, so ist ihre Beharrung in bezug auf die untere Schicht vergrößert, die Maschine hat, wenn sie gegen den Wind eingedreht wird zur Landung, in ihrer neuen Richtung zu wenig Flug, sackt also stark.

Sie wird hierbei nicht merklich kopflastig.

Dreht das Flugzeug einen Kreis, und hat die Luft hierbei Trift über die Erde hin, so ist es für den Anfänger sehr schwer, eine richtige Kurve mit gleichmäßiger Schräglage zu machen; denn er klebt noch zu sehr an der Erde, und bezieht fälschlich die Bewegung des Flugzeugs auf diese.

Weil übergelagert über die gleichförmige Drehung des Flugzeugs die Trift sich geltend macht, und das Flugzeug scheinbar, d. h. auf die Erde bezogen, bei der Kurve vom Gegenwind zum Rückenwind in den Kreis hineingedrückt, bei der Kurve vom Rückenwind in den Gegenwind aus dem

Kreis scheinbar hinausgeschoben wird; glaubt er einen Unterschied beim Fliegen selbst feststellen zu können.

In der Tat, wer an der Erde klebt, sieht sich bei einem
gleichförmigen Kreis im erstgenannten Fall nach innen, im
zweiten nach außen rutschen, wird sein bestes dazu tun,
dies durch Verwindung zu ändern, und den Kreis falsch und
ungleichförmig machen.

Es ist notwendig, sich von der Erde, vom Blick nach unten,
ganz frei zu machen, und sich auf den Horizont, das Meßgerät (Umdrehungszähler, Gleichgewichtsprüfer) und sein
Gleichgewichtsgefühl zu verlassen.

XI. Kapitel.

Der Absturz.

Nur ein kleiner Teil der Abstürze von Flugzeugen ist aus
dem seitlichen Abrutschen beim Geradeausfliegen oder in der
Kurve zu erklären. Denn wenn die Maschine seitwärts rutscht
infolge Schräglage, verlagert sich der Druckmittelpunkt
selbsttätig nach den hängenden Seite und richtet das Flugzeug
wieder auf.

Nur in großer Nähe der Erde, oder dadurch, daß infolge
des Rutschens der Führer Fehler begeht, kann eine Beschädi-
gung der Maschine erfolgen.

Überläßt man das Flugzeug sich selbst, so wird meist
nur ein Pendeln die Folge des Rutschens sein.

Häufiger sind schon die Abstürze, die beim Durchsacken
infolge »Überziehen« (zu rasch steigen wollen) eintreten.

Sie beruhen darauf, daß die Maschine zu viel Geschwindigkeit einbüßt, und die Ruder nun nicht mehr wirken. Die
Maschine aber nimmt, weil der Druckmittelpunkt sich bei
abnehmender Geschwindigkeit nach hinten verlagert, schließlich den Kopf nach unten, und fällt so lange, bis sie nach unten
genügende Geschwindigkeit bekommen hat und so wieder
steuerfähig geworden ist. Ungefähr braucht sie 100 m hierzu
nach völligem Geschwindigkeitsverlust (entsprechend der
Anlaufstrecke auf dem Boden). Sackt sie in geringerer Höhe

ganz durch, so gelingt **es** also nicht mehr, sie wieder in Flug zu bringen bzw. aufzurichten.

Gewöhnlich handelt es sich allerdings nicht um ein vollständiges Sacken nach gänzlichem Verlust der Geschwindigkeit, sondern nur um einen kleinen Fehlbetrag, der nach 10 bis 20 m Fall mit voll laufendem Motor und hohem Schwanz wieder ausgeglichen ist bzw., wenn die Maschine inzwischen auf die Erde trifft und zerschellt, wieder ausgeglichen gewesen wäre.

Durchsacken ist aus dem Grunde eine häufigere Ursache vom Absturz, weil beim Überfliegen bzw. Überspringen von Hindernissen an der Erde (Bäume, Häuser u. dgl.) die Versuchung sehr groß ist, die Maschine durch Aufrichten oder »Ziehen« mit tiefem Schwanz hinüberzubringen. Das glückt selten, wenn man nicht vorher stark »gedrückt«, d. h. überschüssige lebendige Kraft oder Beharrung erzeugt hat.

Gelegentlich tritt ein Durchsacken nach dem Abflug ein, wenn ein Flugzeugführer aus Eitelkeit die Maschine steigfähiger vorführen will, als sie ist.

Hierher gehört auch das »Treppenfliegen«, d. h. Geradeausfliegen mit etwas Drücken, dann Hochreißen um einige Zehnermeter, unter Benutzung des Beharrungsvermögens der Maschine, dann wieder Drücken, um erneut Geschwindigkeit im Geradeausflug zu bekommen usf.

Wie jede rohe Handhabung der Steuer bedeutet das Treppenfliegen im ganzen Verlust an Geschwindigkeit und Steiggeschwindigkeit, weil jedes rohe Steuern bremst.

Es ist also eine Unart; aber wenn schon ein Flugzeugführer es durchaus zeigen muß, um sich als Zauberkünstler oder Gaukler vorzuführen, so soll er es wenigstens richtig zeigen, d. h. bei der Höhe der Sprungstufe die Windänderung mit der Höhe berücksichtigen, eine Stufe gegen den Wind, wenn dieser mit der Höhe zunimmt, also höher machen als mit dem Wind usf.

Auf den Geschwindigkeitsverlust, und den hiermit verbundenen Verlust an Steuerfähigkeit ist auch der eigentliche Absturz, das »Trudeln«, zurückzuführen; diese Form des Absturzes fordert die meisten Menschenleben unter allen Formen der unglücklichen Landung.

Wirft man eine zur engsten Kurve richtig auf den Flügel
gestellte Maschine mit dem Höhensteuer so rasch herum, daß
ihr Anstellwinkel zu groß wird und ihre Geschwindigkeit
soviel abnimmt, daß sie aufhört steuerfähig zu sein, so dreht
sie sich infolge Beharrung weiter, weil sie am Drehen war.
In jedem Teil ihrer weiteren Bahn zieht die Luftschraube
sie in der Wagrechten in die entgegengesetzte Richtung
von derjenigen, in der sie eben etwas Bewegung und Beharrung
erhalten hatte. Zugleich wird, weil keine Geschwindigkeit
voraus vorhanden ist, die Maschine sich nach unten neigen
oder auf den Kopf stellen. Wäre kein Drehungsmoment
vorhanden, so würde sich die Maschine nur auf den Kopf stellen, und nach etwa 100 m Fall genügend Geschwindigkeit
haben, um wieder steuerfähig zu sein.

Die einzige Möglichkeit, die Maschine beim Trudeln wieder
in die Hand zu bekommen, besteht darin, das Gas wegzunehmen, damit sie nach unten Flug bekommt. Von den Ruderflächen wird nun am raschesten das Seitenruder gebrauchs-
fähig, das ziemlich quer zur Drehung steht, und mit dem man
dieser nun ein Ende macht.

Die Erfahrung zeigt, daß unsere heutigen Maschinen,
wenn sie anfangen zu trudeln, eine Strecke von 700 bis 1200 m
an Höhe verlieren, bis man sie wieder in der Gewalt hat; und
zwar je nach der Geschwindigkeit der Drehung, und der Schnelligkeit, mit der man Gas wegnimmt. Wird die Erde früher
erreicht, war also die Maschine zu tief, so läßt sich eine unglück-
liche Landung anscheinend nicht vermeiden. In großen Höhen
dagegen kann man ungestraft das Trudeln sogar freiwillig
herbeiführen; es kostet allerdings Selbstüberwindung.

Auch in einer sonst ganz richtig geflogenen Kurve kann
man hiernach die Maschine durch zu kurze Drehung zum Trudeln bringen.

Ein allgemeines Zeitmaß, das man mindestens zu einem
bestimmten Drehungswinkel braucht, läßt sich nicht angeben,
weil es von der Bauart der Maschinen abhängt.

Die wesentliche theoretische Forderung ist offenbar die,
daß in die neue Flugrichtung eine Maschine immer erst dann
eingedreht sein darf, wenn die auf diese entfallende Komponente

der bisherigen Geschwindigkeit noch genügenden Druck auf den Rudern läßt.

Je größer der Kraftüberschuß (Steigfähigkeit, Kürze des Anlaufs) der Maschine im Vergleich zu der augenblicklich vorhandenen Geschwindigkeit ist, um so engere und plötzlichere Kurven kann man ungestraft machen.

Der Kraftüberschuß läßt sich dadurch verbessern, daß man vor der Kurve die Beharrung vermindert. (Gas wegnehmen oder stark steigen lassen im Anfang der Kurve.) Bei schnellen Maschinen ist dies sehr notwendig. Ferner durch Drücken nach der Kurve.

Der Trägheitsverlust in der Kurve ist ja auch der Grund, weshalb jede Maschine beim Geradeausfliegen am besten steigt, und in der Kurve v e r h ä l t n i s m ä ß i g verliert.

Je näher man der Erde ist, um so wichtiger ist es, flache große Kurven zu machen, und in jedem Fall, wenn eine engere Kurve notwendig wird, darauf zu achten, daß sie harmonisch ist, und die Ruder jederzeit und beim Versuch, geradeaus weiter zu fliegen, noch genügend rasch wirken.

Der Schüler glaubt, durch plötzliche Drehung der Maschine rasch in die neue Richtung übergehen zu können. Das ist ein Irrtum; die Maschine fliegt in der Richtung der T r ä g h e i t weiter, also mit dem Schwanz voraus, wenn man sie sehr rasch um 180° dreht. Sie gleicht hierin, um diesen Punkt nochmals zu betonen, nicht der im Kessel umlaufenden Kugel, die ihre Beharrung beibehält, sondern büßt durch Vergrößerung des Anstellwinkels einen Teil ihrer Beharrung ein.

Da sie dann keine Geschwindigkeit voraus hat, ist sie nicht steuerfähig; dreht also, wenn sie im Drehen begriffen war, weiter trotz stärkster Steueranschläge und nimmt den Kopf zum Trudeln nach unten.

Aus alledem ergibt sich, daß der Flugzeugführer in erster Reihe darauf bedacht sein muß, die Geschwindigkeit seines Flugzeugs voraus, von der die Steuerfähigkeit abhängt, zu erhalten, und um so mehr enge Kurven zu vermeiden, je geringer der Kräfteüberschuß, je größer also auch die Belastung seiner Maschine und je näher die Maschine der Erde ist. Eine überlastete Maschine kann in die Lage kommen, daß sie überhaupt keine Kurve mehr machen kann; ebenso kann böiges Wetter die Steuerfähigkeit der Maschine so herabsetzen, daß keine Kurven mehr möglich sind.

Weitaus am häufigsten kommt das Trudeln dadurch zustande, daß die Maschine bei einer Kurve zu flach liegt, oder nicht richtig in die Kurve gelegt wird. Liegt die Maschine richtig in der Kurve, so verhindert bei den meisten Maschinen die horizontale Dämpfungsfläche ein zu rasches Herumreißen. Wird dagegen, was gefährlich ist, und merkwürdigerweise gerade aus Angst leicht geschieht, zur Kurve das Seitenruder energisch benutzt, so läuft die Maschine leicht aus dem Ruder und stellt sich augenblicklich auf den Kopf.

Das richtige Zeitmaß, mit dem man eine Maschine gerade noch in einer richtigen Kurve herumdrehen kann, ohne zu trudeln, hat ein feinfühliger Flieger im Druck der Ruder; sobald diese merklich an Wirksamkeit nachlassen, langt die Kurve an ihrer stärkstmöglichen Krümmung an, und man muß das Höhensteuer, mit dem man die Kurve fliegt, dann etwas mehr strecken.

Der Eindruck beim Trudeln. Die Maschine werde richtig in die Kurve gelegt und nur zu kurz herumgerissen; dann bleibt bei dem folgenden Trudeln der Körper richtig auf den Sitz gepreßt. Die Maschine macht anfangs fast richtige, nur zu enge Schrauben nach unten.

Das Gleichgewichtsgefühl zeigt keinen merklichen Fehler an, man wird nach außen, d. h. nach rückwärts gegen den Sitz gepreßt.

Man sieht nur den Horizont über sich, und sieht Bäume und Straßen, die offenbar senkrecht unter der Maschine sein sollten, vor sich bzw. vor der Maschine, und obendrein drehen sie sich um die Maschinenachse.

Erst nach einigem Fall, und vor allem, wenn man das Gas wegnimmt, rutscht man vornüber, und merkt also am Gleichgewichtsgefühl, daß die Maschine auf dem Kopf steht. Zuerst aber sind Maschine und Flieger im Gleichgewicht.

XII. Kapitel.

Figurenfliegen.

Liegt man mit einer Maschine in einer steilen Rechtskurve ganz auf einem Flügel und streckt plötzlich das angezogene Höhensteuer stark nach vorn, so fliegt die Maschine in einer Linkskurve weiter; richtet man sie aus dieser Lage auf, so liegt sie auf dem Rücken; sie fliegt mit dem Rücken aber bereits und hat tragenden Luftdruck unter dem Rücken ihrer Tragflächen, sobald sie die Kurve als Linkskurve weiter macht. In gleicher Weise kann sie aus dem Rückenflug wieder umgedreht werden; ebenso kann aus der aufrechten Links- in die Rechtskurve und Rückenlage übergegangen werden.

Diese Figur ist eine Luftschraube. Die Luftschraube kann nie der Erde ganz gleichgerichtet geflogen werden, die Maschine wird vielmehr stark an Höhe zusetzen.

Beim Rückenflug wirkt auf den Insassen und die ganze Maschine die Schwere, und in der Rückenkurve die Schleuderkraft in entgegengesetzter Richtung wie beim aufrechten Flug.

In der möglichst kurzen Zeit des Übergangs von der einen in die andere Kurve fliegt die Maschine nicht, sondern stürzt; in jeder anderen Zeit fliegt sie richtig, sofern sie richtig gehandhabt wird, nur abwechselnd auf dem Bauch und auf dem Rücken.

Um eine »Luftschraube« und überhaupt Figuren ausführen zu können, muß die Maschine verhältnismäßig große Ruderblätter und verhältnismäßig kleine Dämpfungsflächen haben.

Zum Figurenfliegen muß der Insasse ferner fest und sicher angeschnallt sein, und es muß dafür gesorgt sein, daß beim Rückenflug durch die Schwere und durch Beharrungsvermögen (Schleuderkraft) nichts aus der Maschine herausfällt.

Von der Luftschraube ist der Looping stark unterschieden. Zunächst der unechte Looping. Die Maschine wird beim Geradeausflug gedrückt, so daß sie eine möglichst hohe Geschwindigkeit bekommt. Nun wird sie hochgenommen. Geschieht dieses Hochnehmen plötzlich, so bremsen die quergestellten

Flächen, und die Maschine fliegt nicht in die Höhe, sondern durch Beharrung in der alten Richtung weiter. Man muß sie also erst langsam, dann rasch immer stärker ziehen, so daß Beschleunigung der Drehung eintritt. Ist der Motor über die senkrechte Lage hinweg, so wird das Gas weggenommen. Die Maschine ist ohne Geschwindigkeit, hat aber Drehung, und behält nun diese bei. Sie fällt in freiem Fall, nimmt den Motor immer weiter und schließlich senkrecht nach unten, und muß nun wie nach einem Sturzflug vorsichtig abgefangen werden.

Starkes Weiterziehen am Steuer bewirkt, daß die Maschine sich, nachdem sie im senkrechten Fall Geschwindigkeit bekommen hat und wieder steuerfähig geworden ist, weiterdreht, den Kopf wieder hoch nimmt, und mit unvollständigem Looping dann rückwärts rutscht. Beim Rückwärtsrutschen besteht stets die Gefahr, daß Höhen- und Seitenruder sich quer stellen und brechen.

Auch nach dem Wegnehmen des Gases im höchsten Punkt der Figur kann die Maschine leicht mit dem Schwanz vorauf in Rückenlage rutschen, statt sich weiter zu drehen und erst allmählich zu fallen.

Nur mit leichten Maschinen sollte man Figuren fliegen.

Und nur mit besonders leichten Maschinen läßt sich der e c h t e Looping fliegen. Er ist dadurch gekennzeichnet, daß die Maschine über den höchsten Punkt und die Rückenlage mit Vollgas geführt wird. In jedem Punkt der Bahn fliegt die Maschine a u f d e m B a u c h und wird, gleichviel ob sie auf dem Rücken liegt, auf dem Kopf oder Schwanz steht, durch die Schleuderkraft nach außen gedrückt, so daß ihre Flächen überall in derselben Weise beansprucht werden, wie beim aufrechten Geradeausfliegen. Bei dieser Kurve wird der Insasse nicht wie beim unechten Looping durch Schwere, und sobald die Maschine den Kopf nach vorn nimmt und die Flächen den Fall bremsen, durch Beharrung, oder wie bei der Luftschraube durch Schleuderkraft aus der Maschine herausgezogen, sondern er bleibt gegen seinen Sitz gepreßt. Er fliegt eine richtige Kurve.

Aus der Zusammensetzung von Teilen des echten und unechten Looping, der Luftschraube, der Kurve und des Schraubengleitfluges lassen sich weitere Figuren bilden, die aber nichts Neues bringen. Die Möglichkeiten sind mit diesen Figuren erschöpft, solange es sich um Flugfiguren handelt.

Abrutschenlassen über einen Flügel oder — mit fest gerade gehaltenem Höhen- und Seitensteuer — über den Schwanz erweitert die Zahl der Figuren, aber diese Figuren sind keine Flugfiguren mehr; die Maschine fliegt bei ihnen nicht, oder bewegt sich auf dem Bauch oder dem Rücken in der Richtung des Motors, sondern stürzt.

In der Höhe braucht auch der Sturz nicht gefürchtet werden; an die Höhe wird aus dem gleichen Grunde auch alles Figurenfliegen zweckmäßig gebunden.

Oberhalb 2000 m kann das Fliegen im allgemeinen nur noch gefährlich werden, wenn man das Material zu sehr beansprucht oder den Kopf verliert.

Gefährlich ist rasches Aufrichten aus steilem Sturzflug, weil hierbei plötzlich die Tragfläche das ganze Beharrungsvermögen der Maschine aufnehmen muß, und Flügelbruch nach oben eintreten kann.

Sogar das plötzliche Querstellen der Maschine zur steilen Kurve kann verhängnisvoll werden, nachdem man durch Drücken hohe Geschwindigkeit erzeugt hatte.

Die Maschinen werden allmählich immer leistungsfähiger; sie ermöglichen aber die höheren Leistungen nicht ohne Gegenrechnung. Diese besteht in der Steigerung der Gefahr bei einer r o h e n Handhabung der Maschine.

Durch Ausnutzung der Wendigkeit steigert sich bei leichten Maschinen die Beanspruchung ganz außerordentlich; nutze ich zugleich noch den stark gewachsenen Kraftüberschuß aus, ohne auf die Materialbeanspruchung Rücksicht zu nehmen, so wird die Maschine leicht überansprucht.

XIII. Kapitel.
Nachtflug.

Nachtflüge sind im Frieden notwendig infolge zeitlicher Ausdehnung der Flüge, und weil man anstreben muß, Abflug- und Landezeit unabhängig von der Helligkeit zu machen wie bei allen anderem Verkehr. Auch wird die Zeitersparnis, auf der allein ein Luftverkehr sich aufbauen kann, sich am meisten bemerkbar machen bei Flügen in der Dunkelheit, also außerhalb der Geschäftszeit.

In der Höhe fehlt die dunkelnde Dunstschicht; man sieht den Horizont meist ausreichend klar. Das Meßgerät im Flugzeug darf nur s c h w a c h beleuchtet sein, damit das Auge nicht geblendet ist, wenn es vom Meßgerät zum Horizont schweift. Hat man dichte Wolken über sich, oder befindet man sich noch im Dunst, so fliegt man ähnlich, wie tagsüber im Nebel, ist also auf das schwach beleuchtete Meßgerät angewiesen. Bei dieser Situation ist das Fliegen sehr anstrengend, zumal dann meist zugleich die Ortung schwierig wird.

In sternhellen Nächten erkennt man Flüsse, Städte, Wälder unter sich, wenn auch bei hellstem Mondlicht nie so wie am Tage, doch immer noch gut genug. In dunklen Nächten hingegen hat man nur die Lichterhaufen der Städte und Bahnhöfe und solche Lichter, die zur Ortsbestimmung besonders aufgestellt sind (an der Küste Leuchtfeuer und Blinklichter). Die Ortsbestimmung ist also bei Nacht erschwert, bis man zu einem geregelten Nachtluftverkehr mit besonderer Befeuerung gekommen sein wird. Das Aussehen der Lichthaufen der Städte wechselt mit dem Fortschreiten der Nacht.

Dazu kommt, daß man Wolken vor sich erst sehr spät auftauchen sieht und leicht unversehens hineingeraten kann. Während die Geschwindigkeit der Maschine ungeändert bleibt gegenüber dem Tagflug, ist die Sichtweite meist auf weniger als $^1/_{10}$ herabgesetzt. Der Abflug bei Nacht vollzieht sich wie am Tage und bietet keine Schwierigkeiten.

Die Landung erfordert einige Vorbereitungen. Es ist allgemein üblich, 2 weiße oder grüne Lichter als Einflugtor zu wählen, und als Ziellicht ein rotes (Platzende). Zweckmäßig etwa 150 m davor ein weißes, bis zu dem man den Boden berührt haben muß, wenn man mit dem Platz auskommen will. Um die Landerichtung genau zu haben, bringt man diese beiden Lichter in Deckung. Die Torlichter stehen am Anfang des Platzes. In dunklen, mondlosen Nächten ist es notwendig, daß seitwärts von den Torlichtern ein Scheinwerfer steht, der mit breitem Kegel das Gelände beleuchtet, und vor dem Flugzeuge her mit diesem mitgeht, so daß der Führer

nicht geblendet wird. Die Lichteranordnung entspricht dem
Landekreuz (T), das bei Tage am Anfang des Platzes ausliegt, da, wo dem Wind entsprechend das Flugzeug aufsetzen
soll bei der Landung.

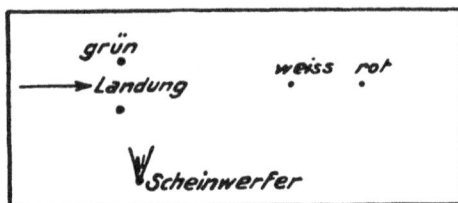

Fig. 3.

Die Flugzeuge sind für Nachtlandungen zweckmäßig
schwarz gestrichen, damit kein vom Flugzeug reflektiertes Schein-
werferlicht den Führer blendet, d. h. seine Pupille verkleinert.

XIV. Kapitel.

Einrichtungen am Flugplatz.

Ein gut eingerichteter Flugplatz soll nicht nur die in
Kap. IX genannten Anforderungen erfüllen, sondern auch die
Einrichtungen für Nachtlandungen (Kap. XIII) besitzen,
und für Tagflüge das schon in Kap. XIII kurz genannte Landekreuz, ein T, im Sommer weiß, auf der Rückseite für Schnee
rot, dessen Längsbalken in die Richtung weist, wohin der
Wind unten weht; das Flugzeug landet dann gegen den Wind,
also von unten auf das T zu. Seine Räder überrollen den
Querbalken. Das Landekreuz liegt da, wo das Flugzeug frühe-
stens aufsetzen darf. Es soll immer wieder dem Wind entsprechend berichtigt werden, solange es ausliegt.

Zum Flugplatz gehört auch eine Windmeßstation, die
Pilotballone vor den Flügen aufläßt, mit Theodoliten anvisiert
und hieraus den Wind in verschiedenen Höhen errechnet und
die Höhenlage der Wolken feststellt. Endlich sollte dem Flugplatz
auch eine Funkstelle zur Verfügung stehen, die Abflug und Landung sowie Wettermeldung mit dem nächsten Flugplatz aus-
tauscht unter Hintansetzung alles andern Funkspruchverkehrs.

XV. Kapitel.
Wasserflugzeuge.

Das Wasserflugzeug ist schwerfälliger als das Landflugzeug, sein Anlauf und Auslauf ist größer, seine Steigfähigkeit (Tragfähigkeit) geringer. Beim Anlauf muß man es möglichst lange auf dem Wasser halten, da es leicht auf den Kopf geht, wenn es nochmals das Wasser berührt. Bei der Landung muß man es stärker als das Landflugzeug abfangen, und auf das Wasser sacken lassen, ebenfalls weil es auf den Kopf geht, wenn es mit viel Fahrt aufs Wasser kommt. Zur Landung bei Nacht wird zweckmäßig nur das Einflugtor durch zwei Motorboote markiert, die sich und die dazwischen liegende Wasserfläche durch Scheinwerfer mit breitem Kegel beleuchten und vor dem landenden Flugzeug mit dem Strahl herleuchten.

XVI. Kapitel.
Der Segelflug.

Der heutige Luftverkehr ist in allen Ländern nur mit Staatsunterstützung möglich und unökonomisch; teils weil die Navigation des Flugzeugs ungenügend entwickelt ist, was Unzuverlässigkeit im Vergleich mit anderen Verkehrsmitteln und starken Materialverbrauch zur Folge hat, teils weil der Betriebsstoffverbrauch zu groß ist.

Nun wissen wir vom Vogelflug, daß zwar ein Teil desselben sich analog dem Maschinenflug vollzieht, indem der Flügelschlag die Wirkung von Tragfläche und Propeller verbindet. Ein anderer Teil aber die im Wind vorhandenen Kräfte benutzt, wobei die Flügel nur als Tragflächen wirken, und die Ausnutzung eben dieser Kräfte verspricht auch für das Flugzeug neue Entwicklungsmöglichkeiten. Der Untersuchung dieser Kräfte dienen die Segelflugversuche, die zurzeit allein in Deutschland angestellt werden, weil hier der Industrialismus, der wohl imstande ist, das Gegebene weiter zu entwickeln, aber nicht grundsätzlich Neues zu schaffen, durch die bekannten Bedingungen von Versailles und die

aus ihnen folgenden Zwangsmaßnahmen auf einige Zeit aus-
geschaltet ist. Bau von Motorflugzeugen ist in Deutschland
untersagt, so muß man versuchen, den Segelflug zu entwickeln.

Bisher ist 1920 und 1921 erreicht: Erhebung um einige
50 m über die Abflugstelle durch aufsteigenden Luftstrom, und
Zurücklegung einer Strecke von rund 2000 m Länge.

Über die Aussichten des motorlosen Menschenfluges hat
P r a n d t l eine kurze Zusammenstellung in der Zeitschrift
für Flugtechnik und Motorluftschiffahrt 1921 gegeben. Den
Segelflug der Vögel hat A h l b o r n zusammenfassend und
klar dargestellt (Berichte und Abhandl. d. W. G. L., 5. Heft,
Juli 1921. Der Segelflug. Erklärung des Segelfluges der
Vögel; die Möglichkeit des Fliegens ohne Motor).

Die häufigste Form des Segelfluges, der Gleitflug in steigender Luft, ist aus der Relativität der Bewegung leicht verständlich. Der Gleitflug führt nur dann zu einer Verminderung
der Höhe, wenn die Höhe der umgebenden Luft nicht wächst,
steigt die Luft, so kann die Höhenverminderung des Gleitfliegers
überkompensiert werden. Bei konstantem Gleitverhältnis (1 : 7
bis 1 : 8) wird dasjenige Gleitflugzeug am leichtesten seine
Höhe beibehalten bzw. steigen, das am langsamsten ist.

Hieraus erhellt zugleich die Notwendigkeit großer Ruder
für das Segelflugzeug, da Böen um so stärker auf ein Flugzeug
wirken, je geringer Flächenbelastung und Geschwindigkeit sind.

Das Aufsteigen der Luft findet in verschiedener Weise
statt. Einmal steigt die Luft in großen Ballen, oft wie in
einem Schornstein, in die Höhe, wenn sie relativ wärmer
und deshalb leichter ist als die über ihr liegende Luft. Über
das System dieses Luftaustausches ist bisher wenig bekannt,
außer daß dieser Luftaustausch gelegentlich beträchtliche
Volumina in gemeinsame und rauhe Bewegung setzt.

Die zweite Art der aufsteigenden Luftbewegung ist da-
durch erzwungen, daß sich der Luft in ihrer horizontalen
Bewegung Widerstände entgegenstellen, die sie übersteigen muß.
An Berghängen, Häuserreihen, Meeresküsten finden wir diese
Form der Bewegung, die das Segelflugzeug zu erforschen und
auszusuchen lernen wird.

Schwieriger ist die Ausnutzung der Turbulenz der Luft,
oder wellenartiger Bewegung, wie sie auf dem vom Wind

bewegten Meere stattfindet, und die der Vogel ebenfalls zum reinen Segelflug ohne Flügelschlag zu verwenden versteht.

Theoretisch ist eine hin- und hergehende Bewegung als Kraftquelle nur verwendbar, wenn bei dem Hin und Her verschiedene Geschwindigkeiten auftreten oder relativ durch das Verhalten des Segelfliegers erzeugt werden, da dann die erforderlichen Differenzen der kinetischen Energie vorhanden sind. Dies ist z. B. auch die Kraftquelle beim Schaukeln.

Die Beantwortung der Frage, wieweit eine Ausnutzung dieser Schwankungen der Luftbewegung möglich ist, wird man der Entwicklung überlassen müssen.

Zum Start wird das Segelflugzeug bergab an den beiden Flügelenden an 2 Leinen gegen den Wind von 2 laufenden Startmannschaften geschleppt; der Flieger läuft mit, bis das Flugzeug sich trägt und gleitet.

Zur Landung muß bei vielen Segelflugzeugen der Flieger durch Mitlaufen die Bremsung des Flugzeugs besorgen.

II. Teil.
Das Meßgerät des Fliegers.

I. Kapitel.
Der Umdrehungszähler.

Der Bau der meisten Umdrehungszähler beruht darauf, daß ein Zeiger durch das Gegeneinanderwirken einer Feder und der Schleuderkraft eines sich mit der Welle drehenden beweglichen Teils betätigt wird.

Die Angaben der üblichen Umdrehungszähler schwanken untereinander bis zu 50 Umdrehungen auf 1400.

Es ist deshalb nötig, den Umdrehungszähler zu eichen; das geschieht behelfsmäßig, indem man eine Reihe von Umdrehungszählern nacheinander auf den Motor setzt, den Mittelwert der Angaben als wahre Umdrehungszahl betrachtet und hieraus den Fehler des Umdrehungszählers ermittelt.

Die Kenntnis des Fehlers ist notwendig, weil der Motor nur bei einer bestimmten Umdrehungszahl am günstigsten läuft, das heißt am meisten leistet, und am meisten geschont wird.

Dauernde kurze Schwankungen, die auf Reibung im Umdrehungszähler beruhen, stören sehr beim Fliegen. Die Ursache liegt meistens darin, daß die Verbindung zwischen Umdrehungszähler und Motor nicht in Ordnung ist.

Der Zähler ist nämlich mit dem Motor nicht starr gekuppelt, sondern durch eine biegsame Welle (Gliederkette oder schlechter Feder) verbunden. Übertriebene Krümmung der Verbindung und ungleichmäßige Reibung infolgedessen oder Bruch eines Kettengliedes sind der häufigste Grund für das Schlagen des Umdrehungszählers.

Da außer dem Geräusch und dem regelmäßigen Zittern des Motors der Umdrehungszähler allein den Anhalt gibt, daß der Motor regelmäßig arbeitet ohne Zwischenschläge (Magnet in Unordnung, Zündung infolgedessen unregelmäßig, Düse am Vergaser verschmutzt) und ohne nachzulassen (Kerzen; Ventile hängen; Motor wird zu warm) und obendrein dem Flugzeugführer einen Anhalt über die richtige Lage der Längsachse der Maschine gibt, ist er vielleicht das wichtigste Meßgerät für die Führung des Flugzeugs.

Wohl kann man ohne Umdrehungszähler fliegen. Aber man soll es nicht freiwillig und nicht längere Zeit hindurch tun.

II. Kapitel.

Der Wind- oder Geschwindigkeitszähler.

Die Bewegung der Luft gegen das Flugzeug, die wir als »Wind« im Flugzeug spüren, beruht, wenn wir vom Luftschraubenwind absehen, ausschließlich darauf, daß sich das Flugzeug gegen die Luft oder in der Luft bewegt.

Eine Windmessung im fliegenden Flugzeug kann also lediglich einen Begriff von der G e s c h w i n d i g k e i t des Flugzeugs in der Luft geben.

Mit einer starken Einschränkung. Dadurch nämlich, daß das Flugzeug von der Luftschraube durch die Luft ge-

schleppt wird, wird die ganze Luft in der Umgebung des Flugzeugs in Mitleidenschaft gezogen.

Unter und über den Tragflächen wird die Luft wellenförmig bewegt, so daß in bezug auf das Flugzeug die Bewegung
der Luft zu einer stehenden Welle wird.

Der Windzähler muß also an einer sorgfältig ausgesuchten
Stelle der stehenden Welle angebracht werden, die gegen die
Luft in weiterer Entfernung keine Bewegung aufweist.

Dadurch aber, daß die Lage des Flugzeugs sich ändert,
vom Geradeausflug zur Kurve, zum Steigen, zum Gleitflug,
verändert sich auch Form und Lage der stehenden Welle.

Der Windzähler gibt also nur vergleichbare Werte an ein
und derselben Maschine, wenn die Lage dieser in der Luft
ungeändert bleibt.

Obendrein muß der Windzähler geeicht sein.

Man kann ihn, wegen der erwähnten Umstände und der
Ungenauigkeit der Eichung, im allgemeinen praktisch dazu
verwenden, um beim Wechsel von Luftschrauben die Leistung
dieser — gleiche Umdrehungszahl des Motors vorausgesetzt —
zu beurteilen. Je größere Windzahl im Fliegen bei unveränderter Umdrehungszahl des Motors eine Luftschraube
liefert, um so vorteilhafter ist die Luftschraube.

Die Verschiedenartigkeit der Schleppleistungen ist von
Form und Bau der Luftschraube bedingt.

Noch wichtiger ist seine Verwendung zur Beurteilung
der Längsneigung. »Drückt« man die Maschine, neigt man
sie also nach vorn, so wächst die Geschwindigkeit. Beim
»Ziehen« nimmt sie ab.

Als Windzähler dient ein sogenanntes Pitotsches Rohr,
ein Schalenkreuz-Windzähler (Anemometer) oder Propeller.

Das Pitôtsche Rohr ist ein Rohr, das an dem abgerundeten
geschlossenen vorderen Ende mit einer feinen Öffnung versehen ist. Der Winddruck auf dieser feinen Öffnung treibt
eine Flüssigkeit in einer Röhre in die Höhe, die durch einen
Schlauch mit dem Rohr verbunden ist. Benutzt wird also
zunächst der Winddruck, und erst auf Grund einer Eichung
die Windgeschwindigkeit gemessen.

Weil im Flugzeug bei jeder Lagenänderung der Maschine
der Winddruck schräg auf das Rohr trifft, entstehen Fehler;

4*

man hat deshalb auf dem Ende des Rohres mehrere Öffnungen angebracht; andere Entwürfe benutzen den Sog, der an seitlichen Öffnungen des Rohres entsteht, oder Stau und Sog.

Fig. 4. Schalenkreuz-Anemometer.

Der Schalenkreuzwindzähler beruht darauf, daß auf der offenen Seite einer dem Wind zugekehrten halbkugelförmigen Schale der Wind stärker drückt als auf der anderen.

Das Schalenkreuz treibt ein Zählwerk oder einen Umdrehungszähler.

Da die Bewegung des Schalenkreuzes auf dem Unterschied beruht, mit dem der Wind auf die zugekehrte und abgekehrte Schale drückt, könnte man vielleicht annehmen, daß in der Höhe, wo der Luftdruck abnimmt, das Schalenkreuz bei gleicher Windgeschwindigkeit langsamer gedreht wird als an der Erde. Dies ist nicht der Fall.

Der Widerstand der zugekehrten und abgekehrten Schale nehmen im selben Maße ab. Der Unterschied ändert sich nicht.

Das Pitotsche Rohr mißt hingegen den W i n d d r u c k. Es kommt für den praktischen Gebrauch des Fliegers weniger

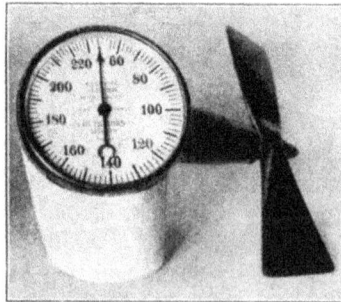

Fig. 5. Propeller- (Windrad-) Geschwindigkeitszähler.

in Frage als für aerodynamische Messungen, um so mehr, als es beim Start leicht verunreinigt wird.

Die Geschwindigkeit einer Maschine wird zuverlässig nicht durch Geschwindigkeitszähler, sondern nur durch

Zurücklegung einer abgemessenen Flugstrecke unter folgenden Voraussetzungen gemessen:

1. Die Strecke muß genügend groß sein (20 km).

2. Sie muß in gerader Linie und in der Richtung des Windes am Flugtage liegen, z. B. Südwest nach Nordost bei Nordostwind oder Südwestwind.

3. Sie muß hin und zurück gleich hintereinander durchmessen, und aus den gemessenen Geschwindigkeiten muß das Mittel gebildet werden, das dann die Eigengeschwindigkeit der Maschine in der Luft angibt.

4. Die Maschine muß mit unveränderter Umdrehungszahl und Höhe fliegen. Der Beobachter beobachtet die Zeit, zu der die Endpunkte der Bahn überflogen werden, nach dem Sekundenzeiger.

Belastung und Ausrüstung der Maschine sind für die Bewertung derartiger Messungen nicht außer acht zu lassen.

Die Belastung macht verhältnismäßig weniger als eine Vermehrung des Luftwiderstandes aus.

III. Kapitel.

Variometer oder Höhenänderungszähler.

Das Variometer besteht aus einem elastischen Gefäß, das nur durch eine feine Spitzenöffnung mit der Außenluft in Verbindung ist.

Änderung des äußeren Luftdrucks durch Steigen und Fallen bewirkt also einen Druckunterschied, der erst nach einer merklichen Zeit ausgeglichen wird. Dieser Druckunterschied bewegt die elastische Wand und damit eine Feder, die mit der elastischen Wand des Gefäßes verbunden ist (Richardsches Statoskop), oder eine kleine Flüssigkeitssäule in einem Glasrohr, das auf der einen Seite mit dem Gefäß, auf der anderen Seite mit der Außenluft in Verbindung steht (Bestelmeyers Variometer).

Aus dem geeichten Stand der Flüssigkeitssäule oder des Zeigers erhält man unmittelbar die Steig- und Fallgeschwindigkeit in m/s (Meter in der Sekunde).

Neuere Statoskope von großer Leistungsfähigkeit sind infolge eines Preisausschreibens von Bamberg und Goerz 1921 konstruiert worden.

Mit diesen Instrumenten ist es möglich, eine bestimmte Höhe, oder richtiger, einen bestimmten Luftdruck genau inne zu halten.

IV. Kapitel.

Der Gleichgewichtsprüfer.

Die bisherigen »Neigungsmesser« werden besser Gleichgewichtsprüfer genannt; sie sind Pendel oder Libellen.

Sie sind also gegen Beschleunigung empfindlich.

Nehme ich beim Geradeausfliegen plötzlich Gas weg, ohne die Lage der Maschine irgendwie zu verändern, so eilt das Pendel oder die Flüssigkeit der Libelle infolge Beharrung nach vorn, während das Flugzeug durch den Luftwiderstand gebremst wird.

Das Meßgerät würde die gleiche Lage der Maschine anzeigen, wenn man, ohne Gas wegzunehmen, die Maschine vornüber kippen würde.

Seine Angaben sind also für die Längsrichtung doppelsinnig. Zur Beurteilung der Lage der Maschine in der Längsrichtung verwendet man deshalb den Umdrehungszähler und den Windmesser.

Bei einer Neigung der Maschine zur Seite muß unterschieden werden, ob die Maschine dabei geradeaus fliegt oder in einer richtigen Kurve liegt.

In ersterem Fall gibt der Gleichgewichtsprüfer einen Ausschlag und zeigt an, um wieviel Grade die Maschine schief oder falsch zur Seite geneigt ist.

Im zweiten Fall wirkt die Schleuderkraft auf das Pendel oder die Flüssigkeit der Libelle; der »Neigungsmesser« gibt dann auch in der steilsten Kurve, wenn das Flugzeug ganz auf einem Flügel steht, keinen Ausschlag, sofern die Kurve richtig geflogen wird.

Nach j e d e r Richtung empfindliche Gleichgewichtsprüfer sind nicht notwendig. Sie haben obendrein den Nachteil, daß das nach allen Richtungen freischwingende Pendel infolge der Erschütterungen durch das Flugzeug in ziemlich verwickelte Eigenschwingungen gerät.

Ebenso läuft die Libelle unter einer Kugelschale im Kreis herum, statt stillzustehen.

Die neueren Gleichgewichtsprüfer beschränken sich daher darauf, nur Seitenneigung anzuzeigen, z. B. durch ein Pendel (mit Flüssigkeitsdämpfung), das an einer Achse pendelt, die gleichgerichtet mit der Flugzeugachse verläuft, oder eine Flüssigkeitssäule, die in einem senkrecht zur Flugzeugachse stehenden Glasrohr pendelt (Libelle oder U-förmiges Rohr), oder zwischen zwei kreisförmigen, dicht benachbarten, auf der Flugzeugachse senkrecht stehenden Glasplatten (Goerz).

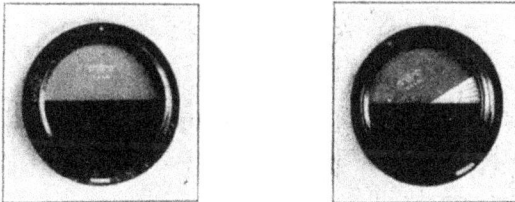

Fig. 6 u. 7. Gleichgewichtsprüfer von Goerz, rechts: bei Neigung.

Der Gleichgewichts- oder Neigungsprüfer zeigt also keinen Ausschlag, solange die Maschine seitlich richtig liegt. Er ist ein zuverlässiges Hilfsmittel, um Kurven richtig zu fliegen. Er zeigt aber nicht zuverlässig an, ob die Flügel gegen den Horizont geneigt sind oder nicht.

V. Kapitel.
Der Höhenzähler und Höhenschreiber.
(Barometer, Aneroid und Barograph.)

Die heutigen Höhenzähler beruhen alle auf der Messung des Luftdrucks und sind keine Höhen-, sondern Luftdruckzähler.

Der Quecksilberdruckzähler, der diesem Zweck am genauesten dient, ist im Flugzeug nicht brauchbar, weil er schwer, ferner gegen grobe Behandlung empfindlich ist und weil endlich seine Angaben von der Temperatur des Queck silbers, von Beschleunigung und Schwere beeinflußt werden.

Für das Flugzeug kommt nur ein sogenanntes »Aneroid« (luftleer gemachte elastische Dose, die unten an der Erde durch den äußeren Luftdruck stärker zusammengedrückt wird als oben) oder Bourdonrohr in Frage, die einen Zeiger vor einer Höhenteilung bewegen; beim Höhenschreiber wird diese auf Papier gedruckte und auf eine Trommel gespannte Höhenteilung durch eine in der Trommel befindliche Uhr an der Nadel vorbeibewegt. Die Nadel ist mit einer Feder versehen und zeichnet so fortlaufend die Höhe oder richtiger den Luftdruck auf.

Das Metall der Dose ist gegen Temperatur empfindlich, würde also für verschiedene Temperaturen verschiedene Angaben liefern. Dies wird ungefähr dadurch ausgeglichen, daß in der Dose gerade so viel Luft belassen wird, daß durch ihre Ausdehnung und Zusammenziehung bei Wärme und Kälte die entgegengesetzte Wirkung auf die Dose ausgeübt wird.

Schlimmer und nicht ausgeglichen ist die Wirkung der sogenannten elastischen Nachwirkung oder Beharrung. Diese bewirkt, daß die Angaben des Meßgeräts stets träge hinter den wirklichen Änderungen nachhinken, statt sich sofort anzupassen, weil das Metall aus Beharrung in dem bisherigen Zustand zu bleiben bestrebt ist.

Bei guten Höhenzählern bleibt der Zeiger, wenn man aus 3000 m wieder auf die Erde kommt, 20—50 m zunächst gegen den Anfangsstand zurück.

Dieser Mangel des Meßgeräts ist je nach dem Instrument verschieden und wird schlimmstenfalls dadurch ausgeglichen, daß der Flieger sein Meßgerät genau kennt und es beibehält, selbst wenn er seine Maschine zerschlagen hat, und eine neue bekommt. Höhenzähler und Höhenschreiber gehören zum Flieger und sollten von ihm nicht gleichgültig gewechselt werden; weil er darauf angewiesen ist, an ihre Fehler gewöhnt zu sein.

Ein weiterer Mangel der Dosen besteht darin, daß sie erst gealtert sein müssen, um gleichmäßige Ausdehnung bei den Änderungen des Luftdrucks zu erfahren.

Der Höhenzähler ist nur den Änderungen des Luftdrucks, nicht der Höhe unterworfen. Die Höhe ändert sich nun zwar mit dem Luftdruck beim Steigen und Fallen, aber nicht so einfach gesetzmäßig, daß man zuverlässig aus dem Höhenzähler auch die genaue Höhe entnehmen könnte.

Im allgemeinen nimmt der Luftdruck logarithmisch mit der Höhe ab.

In 5000 m Höhe, wo der Luftdruck nur halb so groß ist als an der Erde, ändert er sich auf je 100 m Höhenunterschied auch nur halb so viel als an der Erde.

An der Erde messen wir im Luftdruck das Gewicht der ganzen Luftsäule über uns (= 1 Atmosphäre gleich dem Druck einer Quecksilbersäule von 76 cm Höhe), in 5000 m hingegen, wo der Luftdruck auf die Hälfte gesunken ist, ruht nur noch die Hälfte der Luftsäule auf uns, und drückt also auch eine Gewichtseinheit der Luft nur halb so stark zusammen wie an der Erde.

Fangen wir auf einer Höhe von 5000 m an zu fliegen und verstellen dazu unseren Höhenmesser so, daß er dort 0 zeigt, so sind wir in Wirklichkeit 200 m hoch, sobald der Höhenzähler 100 m zeigt.

Es kommt also darauf an, auf welchen Ausgangsluftdruck die feste Höhenteilung bezogen ist.

Dieser Ausgangsluftdruck ist heute meist rund 760 mm Luftdruck, der mittlere Luftdruck Europas in Meereshöhe.

Ist der Ausgangsluftdruck niedriger als 760 mm, infolge des Wetters oder weil ich von größerer Höhe als dem Meere abfliege, und dort den Höhenzähler auf 0 einstelle, so werden die Höhenangaben alle zu groß; der Höhenunterschied wird, wie an dem Beispiel für 5000 m gezeigt wurde, um rund $\frac{760}{b}$ vergrößert, wo b der Ausgangsdruck ist.

Ist der Ausgangsluftdruck größer als 760 mm, so werden die Höhenunterschiede zu klein angegeben.

Aber auch bei gleichem Ausgangsluftdruck ändert sich die Höhe nicht stets in der gleichen Weise mit dem Luftdruck, wegen ungleichmäßiger Änderung der Lufttemperatur mit der Höhe, also wieder im Zusammenhang mit der Wetterlage.

Der Ausdehnungsmaßstab der Luft, wie aller Gase ist 1/273. Das heißt, eine Luftsäule von 273 m dehnt sich nach oben um 1 m aus, wenn die Luftsäule um 1⁰ erwärmt wird. Der gleiche Luftdruck, der vor der Ausdehnung in 273 m Höhe herrschte, findet sich nach der Erwärmung um 1⁰ in 274 m Höhe; wenn das Gewicht der darüber liegenden Luftsäule sich nicht geändert hat.

Bei einer Flughöhe von   m bewirkt also ein Unterschied der Durchschnittstemperatur zwischen Erde und Flughöhe um 1⁰ gegen die als normal angenommene einen Fehler des Höhenzählers um 10 m; Schwankungen der Durchschnittstemperatur um 10⁰, entsprechend einem Fehler von 100 m auf 2730 m, sind von einem Tage zum andern nichts eltenes.

Die heutigen Höhenzähler und Höhenschreiber legen bei ihren Höhenzahlen eine Ausgangstemperatur von + 10⁰ bis + 13⁰ und eine Temperaturabnahme von 0,5⁰ bis 0,8⁰ auf je 100 m Höhe zugrunde, haben aber von den vorgedruckten Höhenzahlen, auch wenn die Voraussetzungen eintreffen, noch Abweichungen oder Fehler, die durch Eichung gemessen und dem Führer bekannt sein sollen.

Der Fehler oder die Abweichung, die die E i c h u n g bei richtigem Ausgangsluftdruck und angenommener Durchschnittstemperatur der Luftsäule von der Höhenteilung ergibt, sollte 100 m bei 3000 m oder 3⁰/₀₀ nicht übersteigen.

Im Frühjahr nimmt die Temperatur rasch, im Herbst sehr langsam mit der Höhe ab. Die Durchschnittstemperatur entspricht dann nicht der Ausgangstemperatur unten und nur gelegentlich der auf der Höhenteilung zugrunde gelegten Durchschnittstemperatur.

Im allgemeinen sind deshalb die wirklichen Höhen im Herbst größer als nach dem Meßgerät, und im Frühjahr kleiner.

Als Eselsbrücke merke man sich:

Der Höhenzähler zeigt

zu große Höhen	zu kleine Höhen an
bei Nordwind	Südwestwind
im Frühjahr	Herbst
bei niedrigem Luftdruck	hohem Luftdruck.

Der Unterschied der wirklichen Flughöhen kann bei 2500 m angezeigter Flughöhe zwischen Herbst und Frühjahr bis zu 500 m ausmachen.

Bei Überlandflügen muß man ferner daran denken, daß der Landeplatz meist nicht in der gleichen Höhe liegt wie der Abflugplatz; ferner muß die Änderung des Luftdrucks berücksichtigt werden, die dieser mit der Zeit und horizontal aufweist.

Die tägliche Schwankung der Temperatur unten am Erdboden, die infolge der nächtlichen Abkühlung und mittäglichen Erwärmung eintritt, macht auf die Höhenmessung praktisch nichts aus.

Sie erstreckt sich nur auf die erdnahen Schichten des Luftmeeres (die untersten 300—500 m).

Eine genaue Höhenmessung würde fortlaufender Luftdruckmessung mit steigendem und gleitendem Flugzeug und gleichzeitiger Temperaturmessung der Luft bedürfen.

Dazu käme die Berücksichtigung der Luftfeuchtigkeit, die die Dichte der Luft etwas beeinflußt. Bei hoher Feuchtigkeit nimmt der Luftdruck etwas langsamer mit der Höhe ab, als bei trockener Luft unter sonst gleichen Verhältnissen.

Aus alledem würde dann die genaue Höhe errechnet werden können mit Hilfe einer barometrischen Höhenformel oder einer Höhentabelle.

Aus den Angaben einer benachbarten aerologischen Station läßt sich nachträglich auch die wirkliche Höhe ziemlich genau errechnen, wenn das verwendete Aneroid geeicht war. Höhenangaben, die nur auf den Angaben des Aneroids beruhen (vielfach bei Rekorden üblich), haben dagegen Fehler bis zu $+ 20\%$.

VI. Kapitel.

Der Kompaß.

Die Kraft des Erdmagnetismus ist eine richtende. Sie ist bestrebt, einen frei beweglichen Magneten in die Richtung ihrer Kraftlinien einzustellen. Der Magnet seinerseits wirkt mit Wechselwirkung mit der gleichen Kraft auf die Erde.

Die gleiche Wirkung, wie sie der Erdmagnetismus auf einen Magneten ausübt, kann man durch einen anderen Magneten erzeugen.

Weiches Eisen, das in die Nähe des Magneten gebracht wird, wird »induziert«, d. h. durch Wechselwirkung vom Magneten selbst in einen Magneten verwandelt, dessen Pole entgegengesetzt dem induzierenden Magneten liegen, und ihrerseits wieder magnetische Kraft auf den Magneten ausüben.

Dasjenige Ende einer freibeweglichen Magnetnadel, das sich dem auf der Nordhalbkugel gelegenen Magnetpol der Erde zuwendet, nennen wir N o r d p o l des Magneten.

Gleichnamige Pole stoßen sich ab, ungleichnamige ziehen sich an.

In Mitteldeutschland würde eine frei nach allen Seiten bewegliche Magnetnadel sich mit ihrem Nordpol etwa nach Nord-Nordwest einstellen und um rund ½ rechten Winkel neigen.

Die Abweichung von der Nordrichtung heißt Mißweisung, der Neigungswinkel heißt Inklination. Beide sind mit dem Ort veränderlich, sind aber für die ganze Erde ziemlich genau bekannt; mit der Zeit ändern sie sich langsam, sie werden aber genügend genau auf mehrere Jahre vorausberechnet.

Beim Kompaß wird der neigende Teil der erdmagnetischen Kraft durch Belastung des Magneten (in unseren Breiten also des Südpoles des Magneten) ausgeglichen und nur eine Drehung der Magnetnadel in der Wagerechten zugelassen. Die Magnetnadel des Kompasses zeigt also in die Richtung der Mißweisung.

Lenkt man die Nadel eines Kompasses ab und läßt sie dann frei, so schwingt sie über ihre Gleichgewichtslage hinweg, und pendelt mit immer abnehmender Schwingungsweite eine zeitlang hin und her.

Die Zeit, die von einem größten Ausschlag nach einer Seite bis zum nächsten vergeht, heißt Schwingungsdauer.

Diese Schwingungsdauer ist um so größer, je größer, bei gleicher magnetischer Kraft, die Masse des Magneten ist; ein langer Magnet braucht mehr Zeit zu einer Schwingung als ein kurzer, ein Kompaßmagnet mit Peilscheibe mehr als ein Taschenkompaß.

Der Kompaß soll im Flugzeug dazu dienen, eine bestimmte Richtung einzuhalten, wenn die Erde außer Sicht ist. Der Flugzeugführer kann jedes seiner zahlreichen Meßgeräte nur kurze Augenblicke lang betrachten.

Pendelt der Kompaß rasch hin und her infolge von Erschütterungen, so weiß der Flieger wenigstens, daß er über den Kompaßkurs unsicher ist und hat obendrein, wenn er zwei Wendepunkte beobachtet, und die ungefähre Mitte nimmt, die wirkliche magnetische Richtung. Bei langer Schwingungsdauer hingegen hat er zu dieser Beobachtung nicht genügend Zeit; bei kurzem Hinsehen glaubt er eine träge pendelnde Nadel stillstehen zu sehen und wird getäuscht.

Wenn durch Erschütterung einmalig der Kompaß in Schwingung versetzt worden ist, ist es wünschenswert, daß die Schwingungen möglichst rasch abnehmen, also g e d ä m p f t werden.

Zu diesem Zweck hängt die Nadel zweckmäßig in einer Flüssigkeit, Glyzerin oder Alkohol, die vor Gefrieren in der Höhe sicher sein soll, und jede Bewegung der Nadel zu bremsen sucht. Je stärker die Dämpfung ist, um so besser ist der Kompaß für das Flugzeug geeignet; am besten sind die Flugzeugkompasse »aperiodisch« gedämpft; d. h. die abgelenkte Nadel schwingt überhaupt nicht über die Gleichgewichtslage hinaus, sondern kehrt mit einer Kraft, die immer mehr abnimmt, je mehr sich die Nadel der Gleichgewichtslage nähert, nur bis in ihre Gleichgewichtslage zurück.

Bei dieser Methode muß darauf geachtet werden, daß die Nadel nicht bereits kurz vor der Gleichgewichtslage, wo ihre Kraft nur gering ist, durch R e i b u n g an der Spitze festgehalten wird. Die Kompaßnadel muß zu diesem Zweck so viel Auftrieb in der Flüssigkeit haben, daß sie fast gewichtslos ist.

Weiches Eisen wird vom Magneten so magnetisiert, daß vom Nordpol des Magneten auf der ihm zugekehrten Seite des weichen Eisens ein Südpol »induziert« wird. Je größer der Abstand der beiden Pole des Magneten ist, um so größer wird auch die Rückwirkung des weichen Eisens auf den Magneten.

Ein sehr kleiner Magnet wird durch ein Stück Eisen, das vor ihn gehalten wird, kaum beeinflußt, ein langer Magnet hingegen, an dessen einen Pol man das Stück Eisen in gleicher Entfernung hält, kann in jeder Richtung durch das Eisen abgelenkt werden.

Aus Rücksicht auf die ablenkende, störende Wirkung des Eisens in der Umgebung soll der Magnet im Flugzeug also so klein als möglich sein.

Die gesamten Eisenteile und Magneten am Flugzeug können wir uns in ihrer Wirkung auf den Kompaß durch e i n e n Magneten ersetzt denken.

Die Lage der Pole dieses Magneten und seine Stärke, bezogen auf die Kraft des Erdmagnetismus, ermitteln wir dadurch, daß wir das Flugzeug auf der Erde im Kreise herumdrehen, und die hierbei wechselnde Mißweisung des Kompasses durch Vergleich mit einem wahren Nordpunkt beobachten.

Ein Magnetstab, entgegengesetzt gerichtet, an der gleichen Stelle wie der zusammengefaßte Magnet »Flugzeug« und in gleicher Stärke und Entfernung vom Kompaß gelagert, gleicht die Wirkung aus, wie ohne weiteres einzusehen ist.

Praktisch nimmt man einen k l e i n e n Ausgleich- oder Kompensations-Magneten und bringt diesen dafür in geringerer Entfernung vom Kompaß an.

Ausgleichung hat den Nachteil, daß sie die Schwingungsdauer des Kompasses vergrößert.

Notwendig ist sie nicht. Denn die Kompaßnadel zeigt ohnehin nicht nach Norden. Man muß sich nur auf verschiedenen Kursen bei nicht kompensiertem Kompaß verschiedene Mißweisungen merken, oder besser, sie auf einem ungleichförmigen Zifferblatt am Kompaß berücksichtigen.

Der merkwürdigste Irrtum, der beim Kompaß im Flugzeug gemacht worden ist, ist die kardanische Aufhängung desselben, die ein freies Pendeln des ganzen Kompaßgehäuses nach rechts und links, und vorn und hinten ermöglicht.

Wenn das Flugzeug in die Kurve schwingt, so schwingt der Kompaß mit. Nach rechts oder links steht die Maschine nie geneigt zu ihm, in diese Richtung kann er also ohne weiteres durch sein Gehäuse starr — bzw. zur Verminderung der Erschütterungen, durch Gummi gefedert — mit dem Flugzeug verbunden sein.

Aber auch Neigungen des Flugzeugs nach vorn oder hinten kommen nicht in Frage.

Denn nach hinten ist das Flugzeug nie stark geneigt; und wenn es nach vorn stark geneigt ist, nämlich zum Gleitflug oder zur Landung, braucht man den Kompaß nicht.

Im übrigen kann man bei starken Neigungen des Flugzeugs auch aus dem Grunde mit dem Kompaß nichts anfangen, weil für diese Lagen sein Fehler (Ablenkung durch die Eisenteile des Flugzeugs) nicht bekannt ist.

Der Kompaß ist nur beim Geradeausfliegen verwendbar; wird er in der Kurve bei Kurs nach Norden mit der Maschine durch die Schleuderkraft schräg gestellt, so stellt er sich in die Richtung der Inklination ein, statt in die der Mißweisung. Bei Kurs nach Ost kann in der Rechtskurve die erdmagnetische Kraft auf ihn nicht mehr wirken, ebenso bei Kurse nach West in der Linkskurve.

Aber die kardanische Aufhängung ist nicht bloß unnütz, sondern ein Fehler. Denn sie überträgt Erschütterungen und kleine Böen vom Flugzeug in der Weise auf den Kompaß, daß sie diesen zum Pendeln und schließlich zum Kreisen bringt.

Besonders in den Wolken, wo man den Kompaß gerade am meisten braucht, und wo die kleinen Böen regelmäßig ein Zappeln des Flugzeugs veranlassen, tritt das Kreisen des Kompasses infolge der Übertragung der Erschütterungen so regelmäßig auf, daß aufmerksame Beobachter elektrische Ströme als Ursache vermutet haben.

Mindestens müßte die kardanische Aufhängung mit Dämpfung versehen sein. Ohne Dämpfung macht sie auch die Flüssigkeitsdämpfung im Kompaßgehäuse selbst zwecklos.

Das Fliegen nach Kompaßkurs ist eine einfache Sache, die keiner Erläuterung bedarf. Ebenso die Vorausberechnung eines Kompaßkurses für einen Überlandflug. Man hat nach Berücksichtigung der Trift (s. I. Teil, Kapitel VI) nur noch die Mißweisung des Kompasses als Berichtigung anzubringen.

Schwieriger ist schon das praktische genaue Einhalten des Kompaßkurses. Es erfordert, genau wie die Arbeit des Rudergastes auf einem Schiff, sorgfältige und dauernde Übung. Nur wer bei wolkenlosem Wetter, wo er keinen Kompaß braucht, sich dauernd übt, nach dem Kompaß zu fliegen, wird wirklich nach Kompaß fliegen lernen, ohne daß ihm die Maschine nach rechts und links hin und her giert; er wird dann auch nicht in die Verlegenheit kommen, zu behaupten, der Kompaß drehe sich dauernd im Kreise und tauge nichts, während er selber durch schlechtes Steuern den Anlaß zum Kreisen gegeben hat.

Am schlimmsten ist, wie auf dem Schiffe, zu hastiges Gegenwirken, wenn das Flugzeug aus dem Kurs gedreht hat. Bei der großen Schwingungsdauer der Kompasse muß man sehr langsam eingreifen und immer mit der Möglichkeit rechnen, daß die Kompaßnadel selbst gependelt hat.

VII. Kapitel.
Das Fliegen ohne natürlichen Horizont.

In Wolken, Nebel, starkem Dunst und oft bei Nacht sieht der Flieger keinen natürlichen Horizont, nach dem er die Lage der Maschine und, wenn die Sterne verdeckt sind, die Flugrichtung beurteilen könnte.

1. Die Lage der Maschine in der Längsrichtung beurteilt er nach dem Umdrehungszähler und dem Windmesser. Je träger die Maschine gegen Änderungen der Lage der Längsachse zum Horizont ist, um so leichter wird sie, wenn der Horizont fehlt, zu steuern sein. (Langer Rumpf, große Dämpfungsflächen.)

2. Das seitliche Gleichgewicht beurteilt er nach dem Gleichgewichtsprüfer.

3. Zum Einhalten der Richtung sollte ihm der Kompaß dienen. Da aber die Eigenschwingungen der Nadel stören und diese träge ist, ist das Fliegen in den Wolken bei Benutzung der unter 1 und 2 genannten Instrumente mit einem gutem Kompaß nur ratsam, wenn man das Fliegen nach Kompaß bei sichtigem Wetter gut geübt hat. Drexler hat deshalb einen empfindlicheren Richtungsänderungsanzeiger konstruiert, indem er einen Kreisel mit horizontaler Achse quer zur Flugrichtung stellt, der sich bei jeder Drehung aufzurichten sucht. Als antreibende Kraft dient ein kleiner Windmotor

(Luftschraube mit Dynamo). Der Kreisel wird durch eine schwache Feder wieder in seine Lage zurückgebracht.

Der Drexlersche Apparat verbindet Gleichgewichtsprüfer und Richtungsanzeiger. Der bei den ersten Entwürfen mitangebrachte Längsneigungsmesser wird zweckmäßig nicht verwendet. Die Verstellungseinrichtung für die Gleichgewichtsprüfung ist falsch, ihre Benutzung gefährlich.

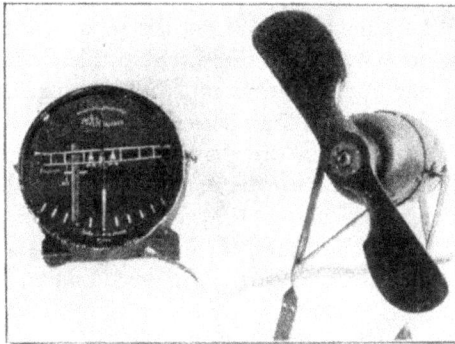

Fig. 8. Drexlers Richtungsänderungsanzeiger.

Andere Konstrukteure schaffen einen Anzeiger für Richtungsänderungen, der empfindlicher ist als der Kompaß, indem sie zwei Pitotrohre oder zwei Windzähler an die äußeren Enden der Flügel setzen, und aus dem Unterschied, der im Führersitz angezeigt wird, Drehungen der Maschine entnehmen. Der äußere Flügel hat bei einer Drehung mehr Wind als der innere. Diese Konstruktion hat einige praktische Nachteile.

Die Instrumente zeigen nur Richtungsänderungen und sind speziell für das Fliegen ohne natürliche Richtungspunkte notwendig; die Richtung selbst muß man aus dem Kompaß entnehmen.

Über den Wolken hält man die Richtung durch den Kompaß genügend genau, meist unter unfreiwilligem Hin- und Hergieren wie beim Steuern eines Schiffes. Bei starkem Seitenwind (Abtrift) ist es auch bei sichtiger Erde zweckmäßig, nach Kompaß zu fliegen, weil der Zielpunkt auf der Erde sich stetig verschiebt. Das Fliegen in den Wolken aber, bei dem man auf das Meßgerät allein angewiesen ist, gibt die stärksten Möglichkeiten einer Weiterentwicklung des Fliegens.

VIII. Kapitel.
Die Navigation des Flugzeugs.

In weiterem Sinne kann man unter Navigation die Anwendung der Flugkunst und die Anwendung des zur Führung des Flugzeugs erforderlichen Meßgeräts betrachten. In engerem Sinne versteht man darunter die Ortung und die Feststellung der günstigsten Wege. Bis jetzt benutzt man zur Feststellung des Ortes nur die Lichtstrahlen; diese werden durch Dunst und Wolken gehemmt, in der Dunkelheit vermindert. In naher Zeit wird man gerichtete funkentelegraphische Wellen hierfür benutzen, die von Dunst und Wolken unabhängig sind, oder wird, wo die Aussendung der Wellen nicht gerichtet erfolgt, gerichteten Empfang verwenden und durch Feststellung zweier Richtungen (Standlinien) seinen Ort bestimmen. Diese Methode wird Flug und Landung im Nebel ermöglichen.

Beim Flug soll man das Meßgerät auf das Notwendige beschränken. Auch dann ist das Meßgerät noch umfangreich genug.

1. Flug bei sichtbarem Horizont und sichtbarer Erde verlangt:

Höhenzähler,

Umdrehungszähler,

Kompaß (zur Feststellung der Richtungen der Karte).

2. Flug über den Wolken verlangt als Ergänzung:

Windzähler (zur Bestimmung der Eigengeschwindigkeit) und

Richtungsanzeiger (Drexler).

3. Flug in den Wolken verlangt ferner Gleichgewichtsprüfer.

Die vom Flieger verwendete Karte sollte den besonderen Anforderungen entsprechen, also nur einen breiten Streifen rechts und links der Flugbahn umfassen, und so lang sein wie der Flugweg. Der kürzeste Weg muß auf ihr durch eine Linie dargestellt sein (Kurve bei den meisten Kartenprojektionen). Die Karte sollte die Form der Ortschaften wiedergeben, braucht aber die Ortsnamen nicht zu enthalten, da der Flieger mit diesen nichts anfangen kann. Maßstab ist praktisch 1:300000. Die Ortsbestimmung geschieht am einfachsten durch Beobachtung nach unten, indem man den ungefähren Fußpunkt der Maschine bestimmt.

Sieht man zwei markante Punkte (Wegeknicks, Ortsränder u. dgl.) in der Ferne hinter bzw. übereinander, so weiß man, daß man sich auf einer Linie befindet, die die beiden Punkte auf der Karte verbindet (Deckpeilung der Seefahrt). Zwei solcher Linien ergeben als Schnittpunkt den Fußpunkt der Maschine.

III. Teil.

Das Element des Fliegers.

I. Kapitel.

Wärmeleitung und Wärmestrahlung.

Ein Temperaturausgleich zwischen zwei Körpern kann auf zwei verschiedenen Wegen erfolgen, durch Wärme l e i - t u n g und Wärme s t r a h l u n g.

Der Ofen im Zimmer erwärmt die ihn unmittelbar umgebende Luft durch Wärme l e i t u n g. Die Luft ist ein sehr schlechter Wärmeleiter, gibt die Wärme also nur langsam an entferntere Luftteile weiter; aber sie dehnt sich bei Erwärmung aus, wird hierdurch leichter als die Umgebung, und steigt in die Höhe. Hierdurch kommt neue, nicht erwärmte Luft an den Ofen, und durch diese Bewegung wird ein beträchtlicher Luftraum trotz der schlechten Wärmeleitung rasch erwärmt. Die Lufterneuerung oder Luftmischung ist gleichbedeutend mit einer Verstärkung der Wärmeleitung.

Die nächtliche Abkühlung der Erde pflanzt sich in die Luft hinein nur um $3\frac{1}{2}$ m durch reine Wärmeleitung fort. Aber die Luft liegt nicht ruhig; sie fließt, bildet kleine Wirbel, bringt abgekühlte Luftteilchen in die Höhe und unabgekühlte an die Erde und pflanzt so die Abkühlung je nach dem Grade der Mischung auf 100 bis 600 m Höhe über den Boden fort;

die Wärmeleitung im Luftmeer ist also infolge der Reibung und Mischung rund hundertmal so groß als die reine Wärmeleitung.

Zugleich erwärmt der Ofen im Zimmer durch Wärmes t r a h l u n g die Wände des Zimmers und überhaupt jeden Körper auf der dem Ofen zugekehrten Seite. Gegen diese Strahlung ist die Luft sehr durchlässig, sie dient im wesentlichen nur als Träger der Strahlung, ohne viel davon zu behalten. Der Ofen steht also durch die Luft hindurch mit den ihm zugekehrten Seiten aller festen Körper im Strahlungsaustausch.

In ähnlicher Weise findet zwischen der Erdoberfläche einerseits und dem Firmament und der Sonne anderseits durch die strahlungsdurchlässige Luft hindurch ein Strahlungsaustausch statt.

Das Firmament ist keine feste Fläche, sondern der mit unbekanntem Gas erfüllte Raum zwischen den Planeten. Die Temperatur dieses Raumes ist wahrscheinlich die gleiche, wie sie schon die hohen Schichten des Luftmeeres oberhalb 15000 m aufweisen, nämlich ungefähr — 60° bis — 80° C.

In der Nacht findet der Strahlungsaustausch nur zwischen der Erdoberfläche und dem Firmament statt. Die Erde erkaltet hierdurch. Dauert die Abkühlung mehrere Monate lang, wie in der Polarnacht, so tritt schließlich ein Temperaturgleichgewicht ein. Die Erdoberfläche hat dann die gleiche Temperatur wie das Firmament und die hohen Schichten des Luftmeeres.

Am Tage dauert zwar der Strahlungsaustausch mit dem Firmament an, aber dazu tritt der alles überdeckende Strahlungsaustausch mit der Sonne:

Die Erdoberfläche wird durch die strahlungsdurchlässige Luft hindurch von der Wärmestrahlung der Sonne erwärmt.

II. Kapitel.

Die Tagesschwankung im Luftmeer.

Die Wärmestrahlung wird von der Luft fast vollständig durchgelassen. Im Laufe des Sommertages erwärmt sich das Luftmeer in 50° Breite im ganzen nur um rund 2°. Für den Flieger also unmerklich im Gegensatz zu der erdnahen Schicht, wo die

Tagesschwankung sehr stark ist infolge der Wärmeleitung von der Erde her.

Diese Wärmeleitung von der Erde her nimmt rasch mit der Höhe ab. Sie wird durch das Aufsteigen der am Boden erwärmten und hierdurch ausgedehnten und leichter gewordenen Luft meistens in größere Höhen mitgeteilt, spielt aber ebenfalls im Vergleich zu der starken täglichen Temperaturschwankung der Luft am Erdboden für den Flieger nur in den unteren 500 m eine Rolle.

Ebensowenig ist die Tagesschwankung der L u f t b e - w e g u n g im Luftmeer von praktischer Bedeutung. Bemerkenswert ist auch bei der Luftbewegung nur die Tagesschwankung in der Nähe der Erde nach den bisherigen Forschungsergebnissen.

U n m i t t e l b a r an der Erde erstarrt nachts die Luftbewegung und Luftmischung, weil die vom Boden her erkaltenden Schichten, indem sie sich abkühlen und schwerer werden wie die über ihnen liegenden, durch die Reibung am Boden in ihrer Bewegung gebremst werden. Der Querschnitt der in Bewegung befindlichen Luft wird hierdurch nachts verringert; zugleich wird die Reibung in der Höhe geringer, denn die erstarrten erdnahen Luftschichten üben im Vergleich zu der rauhen Erdoberfläche fast gar keine Reibung aus. Oberhalb der erstarrten Schicht, bei 100—600 m, verstärkt sich infolgedessen die Luftbewegung nachts in einer Mächtigkeit von einigen hundert Metern um einige Meter/Sekunden, im Ausgleich zu der Erstarrung der Luft unmittelbar am Boden.

III. Kapitel.
Die ablenkende Kraft der Erddrehung.

Ein Luftteilchen, das sich längs der Erdoberfläche bewegt, behält seine lebendige Kraft, bezogen auf die Drehungsachse der Erde, bei.

Dies bewirkt eine Ablenkung der in Bewegung gesetzten Luftteilchen auf der Nordhalbkugel nach rechts, auf der Südhalbkugel nach links.

Eine Luftströmung bewegt sich also nicht in der Richtung des Druckgefälles; sondern sie wird »abgelenkt« infolge der Erhaltung der lebendigen Kraft; und Schleuderkraft und Druckgefälle wirken dahin, daß sie nahezu quer zum Druckgefälle die Linien gleichen Druckes entlang gleitet. Nur bei denjenigen Teilen der Strömung, die durch die Reibung der Erdoberfläche gebremst werden, also auf der Erde aufliegen, ändert sich das Bild.

Die lebendige Kraft wird bei ihnen, sobald sie als Bewegung auf der Erdoberfläche auftritt, durch die Reibung zerstört; sie werden infolgedessen nur wenig abgelenkt.

Die Erfahrung zeigt, daß sich die Luft an der Erde in etwa $\frac{1}{2}$ rechten Winkel, in 2000 m Höhe ziemlich genau in einem rechten Winkel gegen das Druckgefälle bewegt. Aber schon in 500 m Höhe beträgt die Abweichung fast einen Rechten.

Wir finden daher auf der Nordhalbkugel stets Rechtsdrehung des Windes mit der Höhe, auf der Südhalbkugel Linksdrehung in den untersten hunderten Metern, in unseren Breiten um etwa $\frac{1}{2}$ Rechten.

Auf der See ist die Reibung, außer bei aufgeregter See, so gering, daß die Luft an der Meeresoberfläche sich fast in derselben Richtung bewegt, wie über dem Lande in 500 m Höhe, also in der Richtung der Isobaren oder Linien gleichen Druckes, quer zum Druckgefälle.

Auch wird die Luft wenig gebremst; hat also an der Meeresoberfläche fast die gleiche Geschwindigkeit wie in einigen hundert Metern Höhe.

IV. Kapitel.

Die senkrechten Bewegungen der Luft.

Die Strömungen oder Schichten der Luft, die durch gemeinsame Bewegung gekennzeichnet sind, sind meist nur einige hundert Meter mächtig oder dick, aber in der Wagerechten sehr ausgedehnt.

Diese blättrige Schichtung der Luft wird niemals der Flugkunst unübersteigbare Hindernisse entgegensetzen.

Der gewandte Führer wird die Hindernisse, die durch Unterschiede in der Bewegung der Luftschichten entstehen, auch mit einer schwachen Maschine durch Klugheit, der weniger gewandte mit einer stärkeren Maschine durch die Kraft seines Motors überwinden.

Anders bei den auf- und abwärts gerichteten Bewegungen der Luft.

Je nach dem Ursprung muß man hierbei unterscheiden zwischen denjenigen senkrechten Bewegungen, die durch die O b e r f l ä c h e n g e s t a l t u n g d e r E r d o b e r f l ä c h e (Kap. VI) erzwungen werden, ferner den Bewegungen, die durch die Wirkung der R e i b u n g (Kap. VII) der Luft in wirbelnde verwandelt werden, und endlich denjenigen, die aus m e c h a n i s c h e m A u s g l e i c h v o n W ä r m e - u n t e r s c h i e d e n (Kap. VIII) entstehen und die stets großen, mitunter verhängnisvollen Einfluß auf die Maschine ausüben.

Beim Übergang aus einer Luftschicht in eine andere wird die Maschine vielleicht sacken oder sonstwie die Aufmerksamkeit des Beobachters erregen, aber sie fliegt im großen und ganzen ruhig weiter.

Wird ein Flugzeug von seiner Luftschraube hingegen wagrecht durch die Luft geschleppt und gelangt in ansteigende Luft, so erhalten die Flügel einen Stoß von unten und der Flieger wird heftig aufwärts hochgedrückt, so daß er ähnlichen Druck im Kopf spürt wie bei raschem Aufsteigen eines Fahrstuhles.

Gelangt die Maschine in absteigende Luft, so fällt sie nicht in freiem Fall (Sacken), sondern der Druck der Luft greift von oben an die Flügel, statt von unten, und drückt die Maschine mit Gewalt hinab.

Der Führer, der selbst keine Flügel besitzt wie die Maschine, fällt in freiem Fall, die Maschine aber fällt schneller.

Diese Gelegenheiten, wo einem der Boden unter den Füßen fortgezogen wird, oder die Insassen sich unfreiwillig von ihrem Sitz erheben, weil der Körper in freiem Fall der plötzlich hinabgedrückten Maschine nicht zu folgen vermag, sind nicht selten. Verwickelt und recht unangenehm werden sie, wenn die Luftstöße mit großer Stärke etwas seitlich nur an einen Flügel oder die Schwanzfläche fassen.

Gegen kurzperiodische, rasch wechselnde Stöße soll man nicht gegensteuern. Man fliegt dann in der Luft über »Sturzacker«.

Bei langperiodischen und unregelmäßigen Bewegungen sind die aufwärts gerichteten ferner wohl unangenehm, aber nie aufregend, weil sie die Maschine vom Erdboden, dem Erbfeinde des Fliegens, entfernen. Die abwärts gerichteten Stöße aber, die man in der Kindheit des Fliegens auch »Luftlöcher« genannt hat, und während deren der Flieger selbst in freiem Fall, die Maschine aber noch rascher hinabstürzt, stellen besonders nahe der Erde die Nerven auf eine harte Probe.

V. Kapitel.

Das Gleichgewicht der Luft.

Mit der Luft selbst vollziehen sich beim Auf- und Niedersteigen Änderungen, und es gibt bestimmte Voraussetzungen für die senkrechten Bewegungen der Luft, die in bezug auf das Gleichgewicht der Luft erfüllt sein müssen.

Die Kenntnis dieser Vorgänge ist für den Flieger notwendig, wenn er seine Beobachtungen über das Verhalten der Maschine verstehen und voraussehen will.

Steigt ein trockenes Luftteilchen, ohne daß ihm Wärme zugeführt oder entzogen wird (adiabatisch), in die Höhe, so erfährt es, weil es dabei dauernd unter geringeren Luftdruck kommt und sich ausdehnt, eine Abkühlung von 1^0 Temperatur auf je 100 m Erhebung.

Beim umgekehrten Weg entsprechend Erwärmung.

Indifferentes Gleichgewicht. Finden wir in der Luft einen derartigen Temperaturverlauf mit der Höhe, also eine Abnahme von je 1^0 auf 100 m Erhebung, so nennen wir diesen Temperaturverlauf ebenfalls adiabatisch. Das heißt, ein Luftteilchen, das ohne Wärmezufuhr oder Entziehung gehoben oder gesenkt wird, findet in jeder Höhe die gleiche Temperatur, die es dort selbst hat.

Eine solche Schichtung der Luft bedeutet indifferentes Gleichgewicht; ein Luftteilchen, das auf oder abwärts in

Bewegung gesetzt wird, erfährt weder Auftrieb, noch bekommt es Gewicht, und wird nur durch die Reibung an der umgebenden Luft gebremst.

Wir können eine solche Luftströmung durcheinander rühren, ohne daß sich am Temperaturverlauf mit der Höhe etwas ändert; jedes Luftteilchen befindet sich an jeder Stelle der Schicht mit seiner Umgebung im Gleichgewicht.

Etwas verwickelter wird die Frage, sobald die Luft beginnt, Wasser auszuscheiden oder zu »kondensieren«. Jede Gewichtsmenge Luft (an der Erde enthält 1 Raummeter rund 1,2 kg Luft bei 760 mm Luftdruck) kann je nach ihrer Temperatur eine bestimmte Gewichtsmenge Wasser in Gasform aufnehmen. Bei Abkühlung scheidet sie den Überschuß in Form von Nebeltröpfchen oder Wolkenelementen aus.

Hierdurch wird die sogenannte Kondensationswärme frei, die ihrerseits die das Wasser ausscheidende Luft erwärmt.

In dem Augenblick also, wo die Luft beim Aufsteigen infolge fortgesetzter Abkühlung beginnt, Wasser auszuscheiden, ändert sich der Verlauf der Adiabate; sie wird aus der Trocken-Adiabate zur Kondensations-Adiabate.

Je wärmer die Luft ist, um so mehr Wasserdampf in Gasform vermag sie aufzunehmen; in unseren Breiten bis zu 30 Gramm im Kilogramm. Ist sie ganz mit Wasserdampf gesättigt, so ist der Sättigungsgrad oder die relative Feuchtigkeit 100%; enthält sie halb so viel Wasserdampf als sie aufnehmen könnte, so ist der Sättigungsgrad 50% usf.

Steigt Luft von verhältnismäßig hoher Temperatur und Sättigung auf, kühlt sich ab, bis sie gesättigt ist, und beginnt nun Wasser auszuscheiden, so wird bei jeder Erhebung um 100 m verhältnismäßig viel Wasser ausgeschieden, also auch viel Wärme frei. Ist hingegen die Temperatur sehr niedrig, wie dies z. B. in großen Höhen stets der Fall ist, so ist nur noch wenig Wasser in der Luft enthalten, bei einer Erhebung um 100 m wird also auch nur sehr wenig ausgeschieden.

Die Abnahme der Temperatur mit der Höhe in einer unter Wasser- (bzw. Eis oder Schnee) Ausscheidung aufsteigenden Luftmasse ist deshalb je nach der Temperatur sehr verschieden. Die »Kondensationsadiabate« schwankt daher zwischen 0,5° und 1° auf je 100 m Erhebung.

Je näher man der Erde ist, oder je höher die Temperatur ist, um so langsamer nimmt in Wolken bei indifferentem Gleichgewicht der Luft die Temperatur ab; je höher sich die Luft befindet, oder je kühler sie ist, um so mehr nähert sich das Temperaturgefälle der Kondensationsadiabate dem der Trockenadiabate.

Für das Gleichgewicht der Luft ist nichts geändert, so lange das ausgeschiedene Wasser in der Luft bleibt; mit dem absteigenden Luftteilchen steigt das darin enthaltene tropfenförmige Wasser mit ab und verdampft, mit dem aufsteigenden steigt das nun wieder dampfförmige Wasser wieder mit und wird wieder flüssig ausgeschieden.

Die Lage ändert sich nur, wenn das ausgeschiedene Wasser durch immer weiteres Aufsteigen der Luft so dicke Tropfen gebildet hat, daß es merklich f ä l l t. Dann kann es offenbar, weil es fort ist, beim Absteigen der Luft nicht wieder verdampft werden; das Gleichgewicht wird dann ein s t a - b i l e s , was weiter unten erklärt werden wird; hier sei nur soviel bemerkt, daß ein stabiles Gleichgewicht der Luft jeder senkrechten Bewegung entgegenwirkt.

Das Abregnen der Wolken ist mit ein Grund, warum in den eigentlichen Regenwolken bereits die Luft viel ruhiger ist als in nicht regnenden Haufenwolken.

Stabiles Gleichgewicht. Ein Luftteilchen, das wärmer ist, als die neben ihm liegenden, hat Auftrieb, und steigt; ist es kälter, so sinkt es.

Ist das Temperaturgefälle in einer Luftschicht langsamer, als das der Adiabate, so würde ein adiabatisch gehobenes Luftteilchen kälter sein als seine Umgebung, also Gewicht haben und wieder sinken.

Ein adiabatisch gesenktes Luftteilchen würde unter kältere Umgebung kommen, Auftrieb erhalten und wieder steigen.

Eine solche Schichtung ist also stabil. Sie widersetzt sich jeder Mischung und bringt jedes Luftteilchen zwangsweise in seine Lage zurück.

Diese stabile Schichtung ist im Luftmeer die Regel; vor allem in den Höhen zwischen 1500 und 4000; sie unterdrückt die senkrechten Bewegungen der Luft.

Ist aus einer Luftschicht, die in indifferentem Gleichgewicht, aber im Kondensationsstadium war, das Wasser als
Regen herausgefallen, so bleibt das vorhandene Temperaturgefälle, d. h. das der Kondensationsadiabate, bestehen. Dieses
Gefälle bedeutete, bevor die Wassertropfen sich von der
Luft trennten, indifferentes Gleichgewicht, nach dem Abregnen aber für die trockene Luft stabiles Gleichgewicht.

Das Auftreten stabiler Schichten mit langsamem Temperaturgefälle ist deshalb an die Höhen am meisten gebunden,
in denen Wolken- und Regenbildung am häufigsten ist (1500
bis 4000 m).

Labiles Gleichgewicht. Die dritte Form des Gleichgewichts, die labile Schichtung, oder die Kippe, hat ein über-
adiabatisches Temperaturgefälle zur Voraussetzung.

In trockener Luft also ein Gefälle von mehr als $1^0/100$ m,
in Wolken je nach der Temperatur 0,5 bis $1^0/100$ m.

Dieses Gleichgewicht kann nur vorübergehend und nur
über kleine Höhenerstreckungen bestehen, denn es gibt überall
in der Luft mechanische Anregung zu senkrechten Bewegungen
durch die Reibung und die Wirkung der Erdoberfläche. Sobald
aber bei überadiabatischem Gefälle ein Luftteilchen zu steigen
beginnt, kommt es überall unter immer kältere Luft, erhält
also Beschleunigung, und ebenso sinkt es mit Beschleunigung
weiter, wenn es einen leisen Anstoß zum Fallen erhielt.

Wird das Temperaturgefälle so stark, daß trotz abnehmen-
den Luftdruckes die höher gelegenen Luftteilchen dichter sind
als die tieferen, so steigt ohne Anstoß die zu warme Luft auf
und die zu kalte sinkt herab.

Die Bedingung hierfür findet sich im wesentlichen nur
an der Erdoberfläche, wenn durch die Sonnenstrahlen diese,
und damit auch die unmittelbar benachbarte Luft mit erhitzt
wird; kaum noch an den Grenzen zweier Luftschichten, die
als Strömung übereinander hinziehen, und von denen die untere
immer wärmere, oder die obere immer kältere Luft mit
sich führt.

Die anfangs stabile Schichtung der beiden Strömungen
übereinander wird indifferent, dynamisch labil, und schließlich mechanisch labil.

Dies ist dann der Anlaß zu Böen, Böenfronten und Wolkenwalzen, indem sich nun zwischen den beiden übereinander fließenden Strömungen im ganzen ein Platzwechsel vollzieht.

Meist ist der Vorgang für den Flieger nicht so schlimm, wie er sich ansieht; vermutlich deshalb, weil nicht einzelne Luftballen unregelmäßig für sich in Bewegung sind, sondern der Platzwechsel fast in Form einer ruhigen Strömung. vor sich geht.

VI. Kapitel.

Wirkung der Unebenheiten der Erdoberfläche.

Beim Überfließen einer Bodenwelle oder Unebenheit werden die Strömungslinien der Luft zunächst geglättet infolge Verengung der Strombahn und zum Aufsteigen gezwungen; auf der abgekehrten oder Leeseite aber fließt die Luft wirbelnd wieder herunter und weiter. Diese Wirbelströmung auf der Leeseite dauert um so länger fort, je größer die Windgeschwindigkeit ist. Die Wirkung der Unebenheiten des Bodens nimmt über diesen bei schwachem Bodenwind rasch mit der Höhe ab. Waldränder oder Häuser sind bei 10 km /Std. Wind kaum noch in 100 m Höhe zu spüren. In geringer Höhe (50 m) merkt man bei schwachem Wind aber bereits jede Waldecke und jeden Schuppen, über den man wegfliegt, an den Luftstößen von oben und unten.

Fig. 9.

Bereits bei größeren waldfreien Plätzen macht sich die Verringerung der Reibung am Boden in der Luftströmung bemerkbar: auf der ebenen Fläche fließt eine größere Luftmenge durch einen bestimmten Querschnitt als zuvor auf dem Gelände mit größerer Reibung (Wald, Stadt) nachgeführt wird und als über einem entsprechenden Gelände dahinter fortgeführt werden kann. Die Strömungslinien der Luft drängen sich also zusammen, und vor der Fläche muß die Luft sinken, dahinter wieder ansteigen. Stärker als auf waldfreiem Gelände prägt sich der Vorgang über Flüssen und Seen aus. Im Zusammenhang mit dieser Senkung der Luft über Flächen mit

verringerter Reibung stehen die bekannten Einsenkungen im
Wolkenmeer über diesen Stellen und die Neigung zum Auf-
klaren über Wasserflächen und großen Plätzen (Flugplätzen).

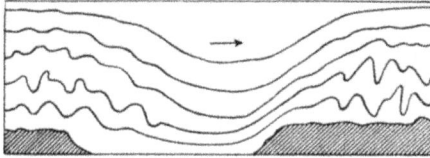

Fig. 10. Strombahnen der Luft beim Überfließen des
Kanals.

Die wechselnde Reibung der Luft am Erdboden wirkt
also in ähnlicher Weise wie Unebenheiten und kann diese
verstärken.

Alle diese Bewegungen der Luft sind stehende Wellen
in der strömenden Luft. Wir können sie also mit dem Flugzeug
bequem näher erforschen, indem wir mit ihm immer wieder
über ihren Ort fliegen.

Das erzwungene Absteigen der Luft auf der Leeseite der
Berge (z. B. bei östlichem Wind auf der Westseite des Schwarz-
waldes) verringert die Trag- und Steigfähigkeit der Maschine.
Aufsteigen der Luft auf der Luvseite (z. B. bei westlichem
Wind auf der Westseite des Schwarzwaldes) vergrößert sie.

Geschickte Flieger benutzen diese Vorgänge, indem sie
zum Steigen die Stellen im Gelände vermeiden, an denen
die Luft fällt und sich dicht an die Luvseite der Berge an-
schmiegen, weil sie hier am stärksten mit gehoben werden.

An der Meeresküste kann man sich mit einer leichten
Maschine bei frischem auflandigem Winde über der Küste
schwebend halten mit gedrosseltem Gas, in der gleichen Weise
wie dies die Möven tun. Infolge der höheren Eigengeschwindigkeit der Maschine ist es nur nötig, hin und her zu gieren,
damit das Flugzeug nicht aus der Stromschnelle hinaus auf
See gleitet.

Bei Windstille unten können stehende Wellen durch die
Wenbenheiten der Erdoberfläche nicht entstehen. Je kräftiger
der Bodenwind ist, um so weiter hinauf überträgt er auch die
Uirkung der Unebenheiten und die wechselnde Reibung der

Erde in Form von stehenden Wellen. Seenränder spürt man bei ebenem Gelände durch kräftigen Bodenwind bis 3000 m Höhe. Bei kräftigem Bodenwind scheint es daher oft noch in großen Höhen »böig«.

Im Gebirge spielt dieser Vorgang eine viel größere Rolle, als der Ausgleich von Wärmeunterschieden und macht oft das Fliegen unmöglich.

VII. Kapitel.
Wirkung der Reibung.

Fließt die Luft gleichgerichtet mit der Erdoberfläche reibungsfrei, innerhalb einer mit gleichmäßiger Geschwindigkeit bewegten stabilen Schicht dahin, die durch ihre Stabilität jede an den Grenzflächen durch Reibung hervorgerufene Bewegung unterdrückt, so ist die Bewegung jedes Luftteilchens gradlinig, die Bewegung der Luftschicht ist wirbelfrei.

Bei indifferentem Gleichgewicht überträgt sich jeder Anstoß von den Grenzflächen her in das Innere der Schicht. Die Luftteilchen führen außer der allgemeinen Strömung Bewegungen zur Seite und nach unten und oben aus; die Strömung wird turbulent oder wirbelnd.

Theoretisch sollte in tubulenter Luft die Geschwindigkeit der Maschine wachsen; in der Praxis ist dies nur möglich bei kleinen Tubulenzbewegungen, weil sonst die bremsenden Ruder betätigt werden müssen. Die Ruder soll man nur bei starken und einseitigen Stößen benutzen, um nicht unnütz zu bremsen.

Mitunter findet man in der Höhe, nachdem man ganz ruhige Schichten durchstiegen hat, von neuem wirbelnde Strömung, meist in dünner Schicht. Dies ist das Zeichen für den Beginn einer neuen Luftschicht, an deren Grenzfläche sich durch Reibung die Luftteilchen der beiden übereinander hinziehenden Schichten wirbelnd bewegen.

Stabile Schichtung wirkt stets dämpfend, meist zerstörend auf Wirbelströmung. Fließen zwei stabile Strömungen übereinander hin, so ist die wirbelnde Grenzschicht dementsprechend sehr dünn.

Über die zahlenmäßige Beziehung zwischen Wirbelmaß, Windunterschied und Temperaturgefälle ist bisher nichts bekannt.

Stärkere senkrechte Bewegungen durch Reibung treten nur auf, wenn zugleich Unebenheiten der Erdoberfläche oder Ausgleich von Wärmeunterschieden sich geltend machen.

Man kann daher der Reibung allein nur ein kurzperiodisches Zittern der Maschine zuschreiben, und alle stärkeren Bewegungen auf Unebenheiten der Erdoberfläche oder Wärmeausgleich zurückführen.

VIII. Kapitel.
Ausgleich von Wärmeunterschieden.

Ungleichheiten der Wärme und Dichteverteilung im Luftmeer können den bereits erwähnten Platzwechsel zweier übereinanderliegender Strömungen zur Folge haben, die sich in gegenseitiger Bewegung befinden.

Der eigentliche Luftaustausch aber, der für den Flieger in erster Reihe in Frage kommt, und starke senkrechte Luftbewegungen erzeugt, wird durch die Erhitzung der Erdoberfläche und der unmittelbar darauf liegenden Luft hervorgerufen, oder dadurch, daß kalte Luft über die warme Erde geführt wird (nördlicher Wind auf der Nordhalbkugel) und so labiles Gleichgewicht auftritt.

Dieser Luftaustausch ist vom Boden abhängig.

Überall da, wo die Erde sich stark erhitzt (trockener Boden), steigen mittags wie über einem Feuer die Luftballen auf; an den Stellen, die verhältnismäßig kalt bleiben (Wasserflächen, Sümpfe), sinkt die Luft aus der Höhe herab.

Je mehr die Unterschiede ins Große gehen (Meer und Küste) und je langsamer sie sich bemerkbar machen (Übergang von Jahreszeiten statt Stunden), um so mehr klären sich die senkrechten Bewegungen zum Ausgleich von Wärmeunterschieden zu regelmäßigen stromartigen horizontalen Vorgängen ab.

Die stromartigen Vorgänge bedeuten, wenn man sie auf einem Fluge trifft, nur eine Änderung der Trift und der Be-

wölkung, sind aber meist ohne Einfluß auf die Steuerfähigkeit der Maschine.

Erfolgt hingegen der Wärmeausgleich räumlich und zeit-
lich gedrängt, so wird er zu einem Vorgang, der vor allen
andern dem Fliegen selbst, d. h. der Lenkbarkeit der Maschine,
Schwierigkeiten bereitet, und, sobald er auch nur mäßigen Um-
fang annimmt, das Fliegen überhaupt unmöglich machen kann.

Das Gebirge kann senkrechte Bewegungen der Luft er-
zwingen, die ebenso schlimm, vielleicht schlimmer sind für den
Flieger, zumal man zwischen den Bergen den gewohnten
Horizont nicht sieht.

In der Ebene hingegen vermag allein der Ausgleich von
Wärmeunterschieden dem Fliegen eine Grenze zu setzen,
und bewirkt in jedem Fall, auch wenn er nur mäßig auftritt,
und auf keinen Zaghaften trifft, eine gründliche Erschwerung
des Fliegens, und eine Vermehrung der Beschädigungen beim
Landen.

Der senkrechte Luftaustausch zum Ausgleich von Wärmeunterschieden oder, was dasselbe ist, zur Auslösung eines
labilen Gleichgewichts, ist daher für den Flieger der aller-
wichtigste Vorgang innerhalb seines Elements.

In den untersten 20—30 m sind die senkrechten Bewegungen der Luft nur gering, weil sie durch die Erdoberfläche
gehemmt sind und in horizontale verwandelt werden.

Am unangenehmsten sind sie bei 100—200 m Höhe,
weil der Wechsel der Stöße hier noch ebenso rasch ist, wie an
der Erdoberfläche, und die Geschwindigkeit der senkrechten
Bewegungen hier schon beträchtlich ist.

In größerer Höhe wachsen die Luftballen mit gemeinsamer Bewegung immer mehr, so daß die Stöße allmählicher
und sanfter erfolgen; das Flugzeug wird hierbei allerdings
um größere Höhenunterschiede gehoben und gesenkt als in
geringerer Höhe.

Von der Stärke des Temperaturgefälles scheint die Geschwindigkeit, von der Dicke oder Mächtigkeit der Schicht,
über die sich das starke Gefälle erstreckt, die Größe der in
Bewegung gesetzten Luftballen abzuhängen.

Die Luftballen bewegen sich selten ganz senkrecht.
Sie bringen einerseits die wagerechte Bewegung mit, die die

Luft in der Höhe hatte, aus der sie kommen, und die von derjenigen unterschieden ist, in der man sich gerade befindet, und werden anderseits durch Reibung und Zusammenprall mit anderen Luftballen abgelenkt und in Drehung versetzt.

Vielleicht ist es gerade diese seitliche Bewegung, die den Wärmeausgleich für den Flieger oft so unangenehm macht.

IX. Kapitel.

Die Stärke der senkrechten Luftbewegungen.

Über das Ausmaß der senkrechten Bewegungen ist wenig bekannt. Das beobachtete Höchstmaß scheint bei 10—15 m/Sek. zu liegen (in Haufenwolken, Gewitterwolken, Böen).

Für die Bedingungen des Auftretens läßt sich vielleicht am besten eine kleine Eselsbrücke für unsere Breite auf der Nordhalbkugel geben, die wohl ohne weiteres verständlich ist.

Der senkrechten Bewegungen

Höchstmaß	Mindestmaß
Frühjahr	Herbst, Winter
steigender Luftdruck	abnehmender Luftdruck
NW-Wind an der Erde	S Wind an der Erde
nachmittags	morgens.

Die schwersten Regentropfen fallen mit einer Höchstgeschwindigkeit von 8 m/Sek. in bezug auf die umgebende Luft. Je rascher die Luft in eine Haufenwolke von unten hineinsteigt, um so mehr Regenwasser wird dort von ihr getragen. Steigt die Luft an einer Stelle unter der Wolke mit mehr als 8 m/Sek., so kann dort überhaupt kein Regen mehr fallen. Aus der Schwärzung der Wolke kann man bereits, wie die Erfahrung bei häufigem Hineinfliegen zeigt, einen guten Begriff bekommen von dem Aufwärtssteigen unter der Wolke oder dem Gehalt der Wolke an flüssigem Wasser. Der Beleuchtungseindruck scheint im allgemeinen ein richtiges Bild zu geben.

In turbulenter wirbelnder Luft fliegt die Maschine nicht mehr geradeaus, wird unaufhörlich durch Querstellung der Ruder reguliert und hierdurch gebremst, und erleidet beträchtlichen Verlust an Beharrung durch die Unregelmäßigkeit der Luft; in den Haufenwolken ist es stets turbulent. Nimmt man dann dazu, daß die Erhaltung des Gleichgewichts sehr schwierig wird, weil man keinen Horizont sieht, so scheint es zweckmäßig, daß der Flieger die dickeren Haufenwolken einstweilen nach Möglichkeit meidet, jedenfalls längeren Aufenthalt in denselben. Auch der Kompaß versagt zum Überfluß in den Haufenwolken infolge der heftigen Stöße gegen die Maschine, die ihn zum Trudeln bringen.

Über die Größe der Luftballen, die sich in gemeinsamer Bewegung hinauf oder herab befinden, ist wenig bekannt. Sie scheinen nicht selten bereits in geringer Höhe auf die Größenordnung 10000 Raummeter zu kommen.

Gerade für diese Probleme der senkrechten Bewegung wird das Flugzeug vielleicht das wichtigste Forschungsmittel in Zukunft werden. Dies gilt auch für die echten hydrodynamischen Wirbel (Tromben, Sandhosen), die wahrscheinlich alle nicht verhängnisvoll für die Maschine zu werden brauchen, über die wir aber heute so gut wie gar keine Beobachtungen haben, und über die sich daher wenig aussagen läßt.

Die Lebhaftigkeit der senkrechten Bewegung, welche die Luft in Regengüssen, Graupel- oder Schneeböen, also in sehr starken Haufenwolken und darunter zeigt, möchte ich durch ein Erlebnis erläutern. Bei einem Fluge von Valenciennes nach Ostende im Februar 1915 fand der Abflug bei dunstigem Wetter statt. Die beiden vorangehenden Tage hatten zwar schon Schneetreiben, aber noch ohne starke senkrechte Bewegungen gebracht. In der Gegend von Roubaix ballten sich bei diesem Fluge sehr tiefe Nebelfetzen zusammen, und vor Menin konnte ich nur noch 20—50 m hoch fliegen, weil in dieser Höhe die geschlossene Nebeldecke begann. Dicht hinter Menin fing es an zu graupeln und zu schneien. Und nun wurde die Maschine zwischen 20 und 200 m derart hin und hergeworfen, daß einem Hören und Sehen vergehen konnte. Draußen war, wie immer, wenn man durch Wolken oder ihren Niederschlag fliegt, nur der weiße Nebel ringsum. Mit voll angezogenem Höhensteuer sauste man hinab, statt zu steigen, während der Motor mit 1500 Umdrehungen lief statt mit 1400; und dann wieder ging es rasend schnell hinauf mit nur 1000 Umdrehungen, obwohl ich mit voller Kraft das Höhensteuer nach vorn drückte. Ich zweifle, daß sich die senkrechten Bewegungen der Luft durch Steigerung der Geschwindigkeit oder starke Vergrößerung der Maschine, wie manche dies glauben, gänzlich unschädlich machen lassen werden. Dazu kommt, daß bei starken senkrechten Bewegungen der Regenschleier meist die Erde verhüllt. Im Gebirge und ohne Ortsbestimmung etwa nach dem Kompaß zu fliegen, wird daher bei solchem Wetter auch in ferner Zukunft gefährlich bleiben.

Im äußeren Aussehen unterschied sich die Böe beim Abflug gar nicht von anderen, die ich früher passiert hatte, und die mir keine allzu großen Schwierigkeiten bereitet hatten.

Man kann es den Wolken nicht immer ansehen — wenigstens wenn es sich um ausgedehnte Wolkenmassen wie bei Gewitterböen handelt, — welchen Grad der Entwicklung der Wärmeausgleich in ihnen aufweist, weil dieser Wärmeausgleich mit der Zeit und dem Gelände wechselt.

Mitunter ändert ein und dieselbe Wolkenmasse, wenn die Bedingungen für senkrechten Luftaustausch erreicht sind, ganz rasch ihre Eigenart.

Im allgemeinen sind die gefährlichsten senkrechten Bewegungen der Luft an die schweren Böenwolken gebunden. Aber auch zwischen zwei Böen dauert das Auf und Nieder oft an, zumal, wenn es vom Gelände begünstigt wird.

So wurden beim Prinz Heinrichflug 1913 zwei Flugzeuge zwischen zwei Gewitterböen durch stärkste senkrechte Bewegungen am Vorgebirge des Teutoburger Waldes steuerlos gemacht und zu Boden gezwungen. Die am Leben gebliebene Besatzung des einen Flugzeugs (Oberleutnant Geyer und Leutnant Kühn) berichtete, daß sie zwischen 20 m und 400 m hinauf und herunter geworfen wurden und trotz stärkster Steuerbetätigung machtlos waren.

Eine Steigerung der Geschwindigkeit der Maschine wird wahrscheinlich wenig Vorteil bringen, da mit ihr auch die Heftigkeit der Luftstöße und die Beanspruchung der Maschine mitwachsen.

X. Kapitel.
Schwankungen der Windgeschwindigkeit.

Bewegt sich die Luft vor einer Maschine plötzlich auf sie zu, so wird die Maschine, da sie infolge Trägheit zunächst mit der alten Geschwindigkeit und Richtung weiterfliegt, gegen die Luft eine höhere Geschwindigkeit haben als vorher und steigen. War ihre Geschwindigkeit vorher z. B. 100 km/Std. in der ruhenden Luft und bewegt sich plötzlich die sie umgebende Luft in der Richtung ihr entgegen mit einer Geschwindigkeit von z. B. 10 km/Std., so beträgt die Geschwindigkeit der Maschine zur umgebenden Luft 110 km/Std. Wird die Maschine mit 100 km/Std. so gesteuert, daß sie wagerecht fliegt, so wird sie bei 110 km/Std. in der gleichen Lage steigen.

Bewegen wir andererseits bei einer Maschine, die mit 100 km/Std. in ruhender Luft wagerecht fliegt, die Luft plötzlich in ihrer Flugrichtung von ihr fort voraus, z. B. mit 10 km/Std., so wird die Geschwindigkeit der Maschine zur umgebenden Luft auf 90 km/Std. sinken und das Flugzeug im ganzen etwas sacken.

Plötzliche Schwankungen der Windgeschwindigkeit um 10 km/Std. kann man aber erst bei stärkerem Wind von 50 bis 60 km/Std. erwarten.

Die Aufzeichnungen am Erdboden lassen die Windschwankungen in der Wagerechten deswegen so stark hervortreten, weil die Schwankungen in den untersten Schichten, wo die Luft senkrecht nur nach oben, nicht aber nach unten ausweichen kann, gerade am größten sind.

Im übrigen passiert eine Maschine meist zu viele derartige Windschwankungen in einer Zeiteinheit, um sie beobachten zu können. Sie veranlassen oft nur ein fortgesetztes Stoßen des Flugzeuges, das aber überdeckt wird von der Wirkung des Motors. Die Maschine fliegt infolge Trägheit durch kleine Unregelmäßigkeiten hindurch.

Treten die Windschwankungen seitlich, von rechts oder links ein, so wird eine empfindliche Maschine von ihnen nicht belästigt. Der Führer merkt nur, soweit ihm der Luftschraubenwind das gestattet, wie die Luft in raschem Wechsel bald

mehr von rechts, bald von links kommt. Die »automatisch
stabilen« Maschinen dagegen können, wenn zufällig ihre
Eigenschwingungsperiode zu einer Reihe von Windschwankungen quer zur Fahrtrichtung paßt, in Pendelungen versetzt werden. Alles in allem läßt sich sagen, daß die Schwankungen der Windgeschwindigkeit, so stark sie sich auch am
Erdboden bemerkbar machen, nur bei Abflug und Landung
von Interesse sind.

Sie übertragen die Unannehmlichkeiten, die senkrechte
Bewegungen der Luft dem Flieger in der Höhe bereiten,
auf diejenigen erdnächsten Schichten der Luft, die sich nur
längs der Erde bewegen können.

Die senkrechten Bewegungen der Luft, die durch Wärmeausgleich hervorgerufen werden, sind erst oberhalb 20 m unangenehm stark; würden sie in dem gleichen Maße, in dem
sie oberhalb dieser Höhe auftreten, bis an die Erdoberfläche
herabreichen, so wäre schon bei mäßig böigem Wetter Abflug
und Landung unmöglich.

Man kann wohl sagen, daß die Umwandlung der senkrechten
Luftbewegungen dicht an der Erdoberfläche in die viel weniger
unangenehmen wagerechten Windschwankungen das Fliegen
bei schlechtem Wetter überhaupt erst ermöglicht.

XI. Kapitel.
Strudel.

Wie in jeder Flüssigkeit, bilden sich auch im Luftmeer
durch innere Reibung Strudel[1]), sogenannte hydrodynamische
Wirbel, bei denen die Luft schlauchartig um eine ganz oder
nahezu senkrechte lange Achse luftverdünnten Raumes
kreist.

Infolge der Luftverdünnung, die durch die Schleuderkraft oder Fliehkraft im Innern des Luftschlauches hervor-

---

[1]) Die alte, früher übliche Bezeichnung »Wirbel« habe ich geglaubt
vermeiden zu müssen, weil die landwirtschaftliche Wetterkunde die
Bezeichnung »Luftwirbel« in einem ganz anderen Sinne in den allgemeinen Sprachgebrauch eingeführt hat.

gerufen ist, kann Kondensation oder Verflüssigung des Wasserdampfes der Luft eintreten; der Schlauch wird dann sichtbar.

Die Strudel sind verhältnismäßig selten. Ihre Größe und
die Stärke der Wirbelbewegung in ihnen ist sehr verschieden.
Stets ist der Durchmesser im Vergleich zu ihrer Länge sehr klein.

In unseren Breiten sind sie als Sandhosen (häufig), Wasserhosen (seltener) oder allgemein Tromben bekannt; in anderen
Breiten werden sie als verheerende Tornados zu einem Merkmal
des Klimas.

Die Strudel wandern langsam, ungefähr mit Windgeschwindigkeit und in der Richtung des in der Höhe herrschenden
Windes. Sie werden fernhin sichtbar, durch das hochgeschleuderte und schlauchartig gedrehte Wasser auf See, den Sand
auf dem Lande, und die schlauchartigen Wolkenansätze an
der Grundfläche der Wolken. Der Flieger kann ihnen am
Tage also aus dem Wege gehen.

Die seltenen Strudelschläuche an den Wolken sind nicht
mit den häufigen Regenstreifen zu verwechseln, die oft auch
eine nach unten spitz zulaufende Form zeigen, in denen aber
keine Drehung herrscht, sondern nur unregelmäßige geringe
Unruhe.

Kleine Sandhosen, wie man sie auf sandigen Flugplätzen
um Mittagszeit häufiger findet, machen dem Flieger wenig
aus, weil die Strudelbewegung in ihnen nur ziemlich langsam
ist und die Maschine infolge ihrer Beharrung hindurch fliegt.

Größere Strudel sind im Innern in dieser Hinsicht bisher
unerforscht.

Die lange Achse des Strudels steht ungefähr senkrecht
auf der Erde. Es ist zweifelhaft, ob in größerer Höhe dies auch
der Fall ist. Wahrscheinlich verbreitert sich der Wirbelschlauch rasch nach oben und wird damit in größerer Höhe
harmlos.

Das Durchfliegen einer Seite des Luftschlauches wirkt
wie eine stoßartige Zu- oder Abnahme des Windes.

Nur wenn der Kern des Schlauches passiert wird, erfolgt
starke plötzliche Neigung des Flugzeugs. Da der Schlauch selbst
bei ziemlich großen Strudeln von 1000—1200 m Länge oder
Höhe nur einige Zehner-Meter Durchmesser hat, ist er rasch
passiert, im allgemeinen in weniger als einer Sekunde. Dies ist

infolge Beharrung selbst dann der Fall, wenn die Maschine vorübergehend aus dem Ruder läuft.

Die Gefahr besteht also nicht so sehr darin, daß die Maschine aus dem Gleichgewicht kommt, sondern daß ihre Festigkeit der Heftigkeit des Luftstoßes nicht gewachsen ist, und daß sie zerbricht.

XII. Kapitel.
Grenzflächen der Luftströmungen.

Die Luftströmungen sind, abgesehen von der untersten, die gelegentlich mittags bis 2000 m durcheinander gerührt und vereinheitlicht ist, meist nur wenige hundert Meter mächtig oder dick. Die Art der Übereinanderlagerung aber bleibt die gleiche auf viele hundert Kilometer horizontaler Entfernung; Strömungsgeschwindigkeit, Temperatur und Mächtigkeit oder Dicke der Schicht schwanken nur wenig auf so große Entfernungen.

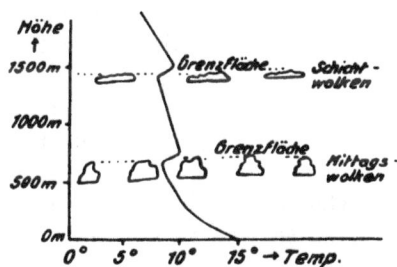

Fig. 11. Schema einer häufig vorkommenden Schichtung von Luftströmungen.

Innerhalb jeder Schicht nimmt mehr oder minder stark die Temperatur mit der Höhe ab. In der Höhe, in der der Taupunkt (Kondensationspunkt) erreicht ist, liegt die Wolkenunterfläche oder Wolkenbasis, ohne daß hier die Schicht zu Ende ist. Bis zur O b e r f l ä c h e der Wolken bleibt vielmehr die Strömung unverändert.

Der Übergang zur nächst höheren Schicht ist meist sehr scharf ausgeprägt durch einen Sprung in der Temperatur (Inversion) oder eine Temperatur-Umkehrung.

Umkehrung deshalb genannt, weil das Normale Abnahme der Temperatur mit der Höhe wäre; hier aber, wenn auch nur in einer dünnen Schicht, Zunahme erfolgt.

Der Grund dafür, weshalb wir verhältnismäßig oft Temperaturumkehr zwischen zwei Luftströmungen in der Höhe finden, ist ein recht einfacher.

Entsprechend dem stabilen, indifferenten und labilen Gleichgewicht einzelner Luftteilchen zueinander können nämlich auch zwei übereinander hinziehende Luftströmungen im ganzen zueinander stabil, indifferent oder labil gelagert sein.

Ist die obere Schicht verhältnismäßig zu kalt (labil), so daß an der Grenzfläche labiles Gleichgewicht eintreten, seine Auslösung erfolgen, und das Umkippen sich auf die ganzen beiden Schichten fortsetzen kann (Böen, Wolkenwalzen), so kann die stärkere Abnahme der Temperatur mit der Höhe in der Nähe der Grenzfläche nur v o r ü b e r g e h e n d , kurz vor der Auslösung, beobachtet werden.

Sind die beiden Schichten im indifferenten Gleichgewicht, so ist die Grenzfläche wenig ausgeprägt, weil Luftballen, die sich in der unteren Schicht nach oben oder in der oberen nach unten bewegen, ungebremst in die andere Schicht gelangen können.

Bilden sich hierbei im oberen Teile der unteren Schicht Wolken, so wachsen diese ungehindert als Haufenwolken in die obere Schicht hinein.

Die beiden Schichten haben bei indifferentem Gleichgewicht die Neigung, sich zu vermischen, und zu einer zu verschmelzen.

Windrichtung und Windgeschwindigkeit, an denen man die beiden indifferenten Strömungen allein unterscheiden könnte, gleichen sich hierbei allmählich aus.

Liegen die beiden Schichten dagegen in stabilem Gleichgewicht übereinander, so sind sie durch die Grenzfläche gegeneinander abgesperrt. Bilden sich an der Oberfläche der unteren Strömung Wolken, so können diese in die obere Strömung, die zu warm und zu leicht ist, nicht hinein, und breiten sich aus. Eine Vermischung der Schichten ist unmöglich. Die Reibung der Übergangsfläche bewirkt Wogenbildung an dieser.

Temperatursprünge (Inversionen) oder Umkehrungen um Zehntel und Zehner Grade an den Grenzflächen und die damit verbundene stabile Schichtung zweier Strömungen übereinander werden so verhältnismäßig häufig im Vergleich zu den anderen Formen des Gleichgewichts angetroffen, weil indifferente

Fig. 12.

Schichtung schlecht zu beobachten ist, und indifferente und labile Schichtung unbeständig sind, also Vereinheitlichung zweier übereinander liegender Strömungen bewirken.

Mit den Temperatursprüngen ist fast immer Wogenbildung verbunden. Die Temperaturzunahme erstreckt sich meist nur über wenige Meter, zieht sich aber im Wellental auseinander. Reibung und Mischung in Verbindung mit Wärmeleitung versuchen auch an den Schichtübergängen einen Wärmeausgleich, d. h. ein adiabatisches Gefälle herbeizuführen.

XIII. Kapitel.

Luftwogen.

Ein Windsprung im freien Luftmeer ist stets mit Wogenbildung verbunden.

Nur bei raschem Steigen wird es einem Flugzeug gelingen, zufällig in einem Wogenberg in die obere Schicht hineinzugelangen.

Nur in diesem Falle beschränkt sich der Vorgang auf den einmaligen Übertritt in eine anders strömende Schicht. Die Maschine wird, wenn sie die untere Schicht verläßt, durch eine Gegenbewegung der oberen Schicht hochgetrieben werden, bis sie ihre Beharrung von vorher eingebüßt hat. Gelingt

es ihr nun nicht, bereits über den nächsten Wellenberg hin-
überzukommen, so wird sie bei ihrem erneuten Eintauchen
in den Wogenberg der unteren Schicht eine zu geringe Geschwindigkeit haben und wieder fallen, bis ihre Trägheit
überwunden ist. Denn wenn z. B. die obere Schicht mit
30 km/Std. über die untere Schicht dahinzieht, die Maschine
aber 100 km/Std. macht, so würde ihre Geschwindigkeit in
der unteren Schicht, auf die obere bezogen, nur 70 km/Std. betragen. Die Windsprünge in der Höhe betragen selten mehr als
10 km/Std. Daher sind auch die Wogen, wenigstens so lange
sie halbwegs regelmäßig sind, kein unüberwindliches Hindernis
für die heutigen Maschinen.

Fliegt die Maschine quer zu den Wogen, so wird sie von
den Wogen quer überrollt. Diese haben dann die Neigung,
je nach der Stelle, an der sich die Maschine befindet, sie nach
rechts oder links etwas aufzukanten.

Fängt in der Höhe die bisher ruhige Maschine beim Weiter-
steigen plötzlich wieder an zu zappeln, meist auf eine geringe
Höhenerstreckung von einigen hundert Metern, so ist dies
gewöhnlich das Zeichen für Luftwogen; über diesen »Böen«
kann der Flieger mit einer anderen Trift rechnen.

Sie unterscheiden sich von den stehenden Wellen, die die
Unebenheit der Erdoberfläche bei Bodenwind hervorrufen,
dadurch, daß sie in der Wagerechten — im Gegensatz zu der
Senkrechten bei stehenden Wellen — sehr ausgedehnt sind.
Bei einmaligem Durchsteigen im Geradeausflug sind sie meist
von stehenden Wellen nicht zu unterscheiden.

Meist sind die Luftwogen unsichtbar; liegt an der Oberfläche der unteren Schicht eine dünne Wolkendecke, so prägen
sich an der Wolkenoberfläche die Wogen schön aus; sie haben
Maße, die bei der Dünung der freien See ungewöhnlich sind.
Ist die Wolkendecke so dünn, daß sie nicht bis zum Wellental
hinabreicht, so ist die Wogenform auch von der Erde aus zu
erkennen, indem dann die Wolken als lange Walzen im obersten
Teil der unteren Schicht, also in den Wellenbergen, nebeneinander gleichgerichtet liegen.

Aus der Richtung der Wogen oder Walzen einen Schluß
auf den Wind in der oberen Schicht zu ziehen, erfordert Vorsicht, weil die Richtung der Wogen nur in Beziehung zu der

gegenseitigen Bewegung der beiden an den Wogen beteiligten Luftschichten steht, nicht aber zu der Bewegung einer derselben gegen die Erde.

Strömt z. B. die untere Schicht aus WSW mit 10 m/Sek., und die obere aus WNW mit der gleichen Geschwindigkeit, so rollen die Wogen von Nord nach Süd und sind West—Ost gerichtet; der Beschauer am Erdboden, der seine Vorstellungen nie von der Erde ganz frei machen kann, und im menschlichen Irrtum dazu neigt, sich selbst als Ausgangspunkt aller Dinge zu wählen, wird gern aber falsch in diesem Falle auf einen N o r d wind oben über den Wogen schließen.

Bei Windzunahme, also wenn der Wind mit der Zeit auffrischt; kämmen auf der See die Wellen über. Der gleiche Vorgang tritt auch bei den Luftwogen ein.

In diesem Fall wird also das Flugzeug durch echte Turbulenz in Schwankungen versetzt.

Aber auch die Woge ohne Brandung oder Köpfe, also lange Dünung, erscheint dem Flieger meistens als Turbulenz, wahrscheinlich, weil übergelagert über der langen Dünung, ähnlich wie bei der Dünung der See, kleine Wellen und Unregelmäßigkeiten auftreten.

XIV. Kapitel.

Wolken.

Der Flieger hat kein Interesse an den zahlreichen Untergruppen der Wolkenformen, die nur durch Feinheiten unterschieden sind, und ihre Benennung im wesentlichen den Forderungen der Luftforschung verdanken.

Für ihn genügt die Unterscheidung von drei Wolkenformen; nämlich den S c h i c h t w o l k e n (stratus), H a u - f e n w o l k e n (cumulus) und R e g e n w o l k e n (nimbus).

Diese drei Formen sind gewissermaßen Grenzfälle, die nicht häufig rein auftreten. Meist sind die Wolken ein Mittelding zwischen Schichtwolken und Haufenwolken, Schichtwolken und Regenwolken, und Haufenwolken und Regenwolken (Gewitterwolken).

Aber an diese drei Grenzfälle sind die Merkmale gebunden, die an den Wolken für den Flieger von Bedeutung sind. Je stärker sich die Wolkenformen den bezeichneten Grenzfällen nähern, um so mehr treten auch die unterscheidenden Merkmale in fliegerischer Hinsicht hervor.

Die Schichtwolke mit scharf ausgeprägter Unterfläche (Basis) und Oberfläche, gelegentlich als Nebel unmittelbar am Boden aufliegend, zeigt an der Oberfläche oft regelmäßige schöne Wogen oder sonst Haufenwolkenköpfe, die dann meist wellenförmig geordnet sind.

Die Mächtigkeit dieser Wolken ist sehr verschieden, ihre Dichte nur gering, so daß man in ihnen nur von schwachem Nebel umgeben ist, der wenig näßt.

Sie sind fast ganz frei von senkrechten Bewegungen der Luft und können infolgedessen ohne Bedenken durchflogen werden.

Nur als Nebel, also wenn sie ganz auf der Erde aufliegen, sind sie ein einstweilen unüberwindliches Hindernis beim Fliegen.

Bei Schichtwolken, deren Unterfläche sehr tief liegt, muß daran gedacht werden, daß die Erde nicht überall gleich hoch ist, und daß die Unterfläche der Wolke auf g r o ß e Entfernungen nicht überall gleichhoch liegt. Niedrige Schichtwolken (»gehobener Nebel«) sind auf dem nächsten Hügel Nebel, und einige Kilometer entfernt vielleicht auch in der Ebene.

In den Haufenwolken, die ihre großartigste Ausbildung in Gewitter-, Regen- und Schneeböen erfahren, findet im allgemeinen ein Aufsteigen der Luft statt. Aber es ist so unregelmäßig und wirbelnd, daß es ratsam ist, nur an ihren Rand zu gehen, aber nicht freiwillig hineinzufliegen.

Die Steig- und Tragfähigkeit der Luft verstärkt sich an Wolkenrändern; die Maschine wird dort gehoben. Dies ist eine merkwürdige Erscheinung, denn man kann es wohl ohne weiteres verstehen, daß in der Wolke selbst ein, wenn auch ungeordnetes, wirbelndes Aufsteigen stattfindet, da das Aufsteigen und die hiermit verbundene Ausdehnung und Abkühlung der Luft Vorbedingung für das Ausscheiden von Wasser (Wolkenbildung) ist; aber es zeigt sich, daß auch n e b e n den Köpfen der Haufenwolken noch ein Aufsteigen stattfindet. Vor dem Hineingehen in eine dicke Haufenwolke selbst muß abgeraten werden, weil die Luft in dieser stets durcheinanderwirbelt, das Gleichgewicht der Maschine in Frage stellt, die Maschine quer dreht, sie hierdurch, wie weiter oben dargelegt, zum Sacken bringt, und weil endlich die Wassertropfen — um so mehr, je schwärzer die Wolke ist — die Schutzbrille blenden und die Haut im Gesicht peitschen. Dagegen ist es vorteilhaft, ganz dicht die runden Köpfe entlang zu fliegen, so daß die Wolkenfetzen den einen Flügel fegen, weil im äußersten Rand der Wolke die Wirbelbewegungen gebremst oder zwangsweise geglättet werden und hier und in der nächsten Nähe ein ruhiges Aufsteigen der Luft stattfindet.

Inmitten der Wolkenluken, also zwischen den Haufenwolken, sinkt die Luft gleichmäßig und schwach, das Steigen des Flugzeugs ist hier erschwert.

Die Regenwolken werden von einer grauen, verschwommenen, gleichförmigen, oft r e g n e n d e n Wolkenmasse gebildet mit Schichtwolken (fr—ni) darunter, die ihrem Aussehen im einzelnen nach den echten Schichtwolken gleichen; aber dicht nebeneinander befindliche Fetzen liegen oft in verschiedener Höhe; die senkrechten Bewegungen der Luft sind verhältnismäßig stark in ihnen, und sie nässen kräftig.

Im Gegensatz zu den starken, ungleichmäßigen Bewegungen der Luft in den Haufenwolken bewirken die Bewegungen in den Regenwolken mehr ein kurzperiodisches Zappeln der Maschine, das meistens kein Eingreifen des Führers erfordert.

Die häufigste Schichtung der Luft zeigt Haufenwolken von einer Mächtigkeit, die zwischen einigen hundert Metern und 1000 m schwankt, mit der Grundfläche in 500 (Winter) bis 1000 m (Sommer) Höhe.

Darüber in 2000 (Winter) bis 4000 (Sommer) meist dünne Schichtwolken.

Die geschlossene regnende Regendecke beginnt zwischen 2000 bis 4000.

Sie ist stets verwaschen und unscharf. In dieser Regenmasse hat der Flieger nichts zu suchen.

Darunter liegen dann in den verschiedensten Höhen die grauen vereinzelten Regenfetzen, oft zur Schicht geglättet.

Auch diese Wolken zeigen an ihrer Oberfläche noch die Form von Haufenwolken.

Der Rand von Regenwolken ist oft so unscharf, daß man zunächst nur eine Verschlechterung der Sicht bemerkt; eine Minute später ist man, ohne vorher gewarnt zu sein, mitten im Nebel.

Bei Haufenwolken, und meist auch bei Schichtwolken, ist hingegen die äußere Begrenzung scharf ausgeprägt.

XV. Kapitel.

Bewegung der Wolken.

Der Stau infolge von Hindernissen, vergrößerter Reibung und Bergen erzeugt, wie wir weiter oben gesehen hatten, stehende Wellen.

Reicht die Aufstauung der Luft in einer solchen stehenden Welle weit genug in die Höhe, so daß in der gehobenen Luft der Taupunkt erreicht wird, so tritt über der Staustelle Wolkenbildung ein.

Diese Wolken stehen bei wirbelfrei strömender Luft in Form einer Wolkenfahne über den Bergen oder Hindernissen. Von den ausländischen Bergen ist hierfür am meisten Gibraltar, von deutschen der Brocken bekannt.

Fig. 13. Gibraltar.   Fig. 14. Brocken.

Macht sich in der den Berg überfließenden Luftkappe senkrechter Luftaustausch infolge mittäglicher Erhitzung des Erdbodens geltend, so werden die Wolken zu Haufenwolken.

Alle diese Wolken stehen also still über der Staustelle. Die Luft zieht durch sie gewissermaßen hindurch, und erzeugt sie auf der Luvseite mit jedem Luftteilchen von neuem, und löst sie mit jedem Luftteilchen auf der Leeseite wieder auf.

Diese Wolkenkappen, im Winter meist aus Schichtwolken, im Sommer aus Haufenwolken bestehend, bilden die regelmäßige Haube der Berge, sobald diese von der Luft überflossen werden und hierbei der Taupunkt erreicht wird.

Die Hebung der Luft infolge von Stau reicht bis in ziemlich beträchtliche Höhen. Über dem Brocken (1100 m) findet sich oft noch in 3000 m Höhe ein Wolkenfeld aus hohen Schichtwolken als stehende Welle.

Alle anderen Wolken, die nicht infolge erzwungener Hebung der Luft über Unebenheiten der Erde, sondern unmittelbar aus den Gesetzen des Wetters, durch Hebung oder Aufstauung der Luft oder senkrechten Luftaustausch gebildet sind, ziehen mit der Luft mit.

Die Schichtwolken sehr vollständig.

Die Haufenwolken zeigen kleine Abweichungen, weil, wie vorher erwähnt, die Beschaffenheit des Bodens bei ihnen eine Rolle mitspielt.

Sie neigen dazu, an den Stellen kleben zu bleiben, an denen die Luft am stärksten unten erhitzt wird, und die kältesten Stellen zu meiden.

Man kann daher aus dem Wolkenzug und der geschätzten Wolkenhöhe den Wind in der Wolkenhöhe nur ungefähr abschätzen.

Die Lage der stehenden Wolke zum Hindernis hängt von der Form des Hindernisses und dem Strömungsverlauf der Luft ab. Gelegentlich, wie z. B. beim Felsen von Gibraltar, hängt die Wolke wie eine Fahne auf der Leeseite des Berges. Bei anderen Bergen bedeckt sie ihn gleichmäßig wie eine Haube.

XVI. Kapitel.
Wolkenhauben.

In derselben Weise, wie eine stabile Schicht beim Überströmen über einen Berg gehoben und, wenn hierbei genügende Abkühlung zur Erzeugung der Wolkenelemente entstanden ist, eine Wolkenkappe über dem Berg gebildet wird, kann eine durch Zufuhr von der Erde genährte Haufenwolke oder überhaupt jede sich hochwölbende Wolke in einer über ihr liegenden Schicht eine Haube erzeugen.

Da die Aufwärtsbewegung der Wolke sich nur dann nicht weit fortsetzen wird, wenn die obere Schicht ihr einen Widerstand

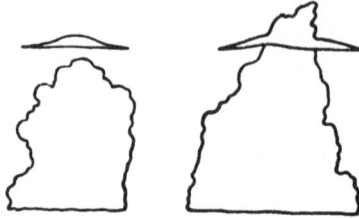

Fig. 15.

entgegensetzt, also stabil gelagert ist, wird die Form der Wolken-haube so gut wie immer die einer Schichtwolke sein.

Gelegentlich sieht man die Haufenwolken durch diese Haube allmählich hindurchwachsen.

XVII. Kapitel.
Der Stau vor Gebirgen.

Um eine Luftschicht über ein Hindernis, ein Gebirge, hinüberzuschieben, ist eine Kraft erforderlich.

Reicht die durch Beharrung und Luftdruckgefälle gegebene Kraft für diese Arbeit nicht aus, so staut sich die Schicht vor dem Gebirge infolge Beharrung an und fließt seitwärts ab.

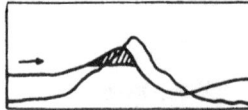

Fig. 16.

Bei dieser Stauung wird die Strömung oft soweit ge-hoben, daß sie den Taupunkt erreicht, und auf die Luvseite des Berges eine Wolkendecke legt.

Bei allen größeren Gebirgen, den Alpen, den Vogesen, dem Schwarzwald, ist die Erscheinung so häufig, daß sie ein

Merkmal für das Klima bildet. Die Luvseite der häufigsten Windrichtungen hat wenig, die Leeseite viel Sonnenschein.

Für den Regen kommt noch die Wirkung dazu, die das Hinauf und Hinüberheben von Schichten größerer Mächtigkeit zustande bringt. Auch der Regen fällt am stärksten in der Zeit der stärksten Hebung und Wolkenbildung der Luft, das heißt auf der Luvseite.

Die Stauwolken auf der Luvseite der Berge ähneln den stehenden Wellen, insofern sie stillstehen. Aber die Luft fließt nicht unter Beschleunigung durch sie hindurch, sondern erfährt Verzögerung; der Stau ist der Ausdruck für die Vernichtung der Beharrung, die die Luft hatte.

Der Stau erzeugt eine geringe Erhöhung des Luftdrucks. Das Gebiet erhöhten Luftdruckes auf den Wetterkarten, das wir am Fuß der Alpen fast regelmäßig bemerken, rührt teilweise daher, zum anderen größeren Teil von der niedrigeren Temperatur der adiabatisch gehobenen Luft.

XVIII. Kapitel.

Wolkentürme.

Nimmt in einer Haufenwolke, die durch fortschreitende Erhitzung des Erdbodens genährt wird und hierdurch wächst, die Temperatur mit der Kondensationsadiabate ab, in der umgebenden und darüberliegenden Luft aber etwas rascher,

Fig. 17.

also nach der Kondensationsadiabate einer etwas niedrigeren Ausgangstemperatur oder nach der Trockenadiabate, so wird bei einer Schichtung, die anfangs stabil ist, von der wachsenden Haufenwolke schließlich ein Punkt erreicht, wo die Schichtung labil wird, und wo die Wolke nun wie ein Spargel als Wolkenturm emporschießt.

Das erste Anwachsen der Haufenwolke kann dadurch hervorgerufen werden, daß das labile Gleichgewicht der untersten Schicht wächst, und damit auch die Geschwindigkeit und Kraft, mit der die Luftballen emporschnellen, oder durch allmähliche Erwärmung der ganzen unteren Schicht vom Boden her infolge Mischung.

Letzteres sei durch ein Beispiel erläutert. In der Haufenwolke herrsche ein Temperaturgefälle von $0,5^0/100$ m. Der Kopf habe eine Temperatur von 15^0. Die Temperatur der trockenen Luft ringsum zeige kein vertikales Gefälle und sei 15^0. Dann wird der Wolkenkopf nach einer Erwärmung auf 16^0 erst 200 m höher wieder auf 15^0 abgekühlt, also wieder im Gleichgewicht sein, wird also in die Höhe wachsen bei Erwärmung.

Um uns die Entstehung eines Wolkenturms zahlenmäßig vorzustellen, nehmen wir weiter an, daß von dieser neuen Höhe ab die Temperatur der umgebenden trockenen Luft um $0,8^0/100$ m abnimmt. Dann ist der Wolkenkopf nach weiteren 1000 m Steigen auf 10^0 abgekühlt, die Temperatur der trockenen Luft aber ist dort 7^0. Der Wolkenkopf schießt also wie in einem Schornstein gewaltsam in die Höhe, bis stabile Schichtung oder verlangsamte Abnahme der Temperatur in den Luftströmungen, in die er gerät, ihn wieder bremst.

XIX. Kapitel.

Dunst.

Die Trübung des Luftmeeres, die als Dunst bezeichnet wird, ist noch wenig erforscht, rührt aber zum großen Teil sicherlich von kleinen Staubteilchen her, die von der am Boden mittags erhitzten Luft mit in die Höhe geführt werden.

Diese Staubteilchen sinken dauernd. Das Luftmeer ist nicht gleichmäßig von ihnen erfüllt, sondern unten am stärksten.

Sie dienen zugleich als Kondensationskerne, d. h. an ihnen bilden sich bei abnehmender Temperatur bzw. steigender Höhe die Nebeltropfen oder Wolkenelemente und aus diesen durch weitere Anreicherung mit Wasser die Regentropfen.

Die Regentropfen führen beim Fall den Staub mit sich, sie waschen die Luft aus.

Da bei schönem Wetter die Sonnenstrahlung gegen die Erde am wenigsten durch Wolken gehindert wird, und die Erhitzung der Luft am Boden und damit auch der Luftwechsel oder senkrechte Luftaustausch sein Höchstmaß erreicht, so ist starker Dunst recht eigentlich das Merkmal schönen Wetters.

Indem man den Staub als Kondensationskern benutzt, die Luft unter geringen Druck bringt, und so künstlich sichtbare Nebeltröpfchen erzeugt, kann man die in einer Raumeinheit enthaltenen Staubteilchen zählen.

Die Zahl schwankt zwischen der Größenordnung 1 Million (an der Erde) und Hundert (in 5000 m) pro cm^3.

Das, was dem Flieger beim Dunst am meisten auffällt, ist seine schichtenförmige Verteilung. Zwischen zwei übereinander liegenden Schichten nimmt er meist sprungweise ab.

Der Flieger, der in einer dunsterfüllten Schicht steigt, und schließlich an ihre Oberfläche gelangt, ist hierbei in einer ähnlichen Lage wie ein Taucher, der aus der Wassertiefe mit offenen Augen an die Wasseroberfläche kommt:

Er bekommt das Bewußtsein des Dunstes erst richtig in dem Augenblick, wo er an seine Oberfläche emportaucht, einen scharf abgeschnittenen Horizont, klaren kalten Himmel darüber, und unter und neben sich den graublauen dicken, in der Richtung gegen die Sonne weißlichen Dunst sieht. Er wird daher leicht zu der Täuschung verleitet zu glauben, der Dunst sei überhaupt nur an der Oberfläche der Schicht vorhanden, weil man ihn dort so auffällig spürt.

An der Oberfläche selbst jeder trockenen Schicht findet allerdings an den Staubteilchen bereits schwache Tropfenbildung statt, so daß die Staubteilchen besser sichtbar werden.

Der Übergang vom Staubteilchen zum Dunst mit unmerklicher Wasseransaugung und schließlich zum Nebeltropfen ist nicht scharf ausgeprägt.

Während der »Staubgehalt« also mit der Höhe abnimmt, wird der »Dunst«, d. h. der sichtbare Staub oft innerhalb der

Schicht mit der Höhe stärker, d. h. man spürt den Dunst stärker, weil er zunehmenden Wasseransatz bildet.

Man findet oft an der Oberfläche dunsterfüllter Schichten Felder von Dunst, die aus der Entfernung gesehen bei günstiger Beleuchtung fast wie Wolken erscheinen, in der Nähe aber durch ihre Trockenheit den Nachweis liefern, daß sie nur aus Dunst bestehen, aber wahrscheinlich aus Dunst von großer Wassersaugfähigkeit.

Die Dunst-, Rauch- und Staubfahne großer Städte, die für diese und ihre Umgebung eine starke Trübung des Sonnenlichts bedeutet, neigt ebenfalls dazu, an den höchsten Stellen, die sie erreicht, verstärkte Trübung und schließlich Wolken zu bilden.

Im dichten Dunst ist das Fliegen in ähnlicher Weise erschwert, wie im Nebel (Wolken), weil man den Horizont nicht sieht. Es ist nur insofern leichter, als man durch einen Blick senkrecht nach unten auch durch den dicksten graublauen Dunst feststellen kann, wo man sich befindet.

Schräg allerdings sieht man im Dunst wenig, weil die Dunststrecke, die vom Auge durchdrungen werden soll, zu groß ist.

Gegen die Sonne erscheint der Dunst weißlich leuchtend und blendet; mit der Sonne im Rücken sieht man ihn graublau.

XX. Kapitel.

Niederschläge.

Schneegestöber macht dem Flieger nichts aus, wenn es ihm die Erde nicht zu sehr verdeckt; feiner Regen desgleichen.

Grober Regen kann schlimmer sein, sofern man Gesicht und Augen nicht dagegen schützen kann. Dicke Tropfen peitschen die Haut mitunter so, daß der körperliche Schmerz unerträglich wird.

Oft, in größerer Höhe sogar meistens, sind die Tropfen unterkühlt; sie sind also flüssig, haben aber eine Temperatur von weit unter 0^0. Unterkühlung hält sich bis zu sehr niedrigen Temperaturen, erst unter — 10^0 wird meist der Wassertropfen fest (Schnee, Eisnadeln, Hagel).

Kommt ein unterkühlter Tropfen auf einen festen Körper, (Tragfläche, Gesicht, Schutzbrille) so erstarrt er augenblicklich zu Rauhreif oder Eis. Die Maschine kann hierdurch beträchtliche Belastung erfahren, und der Flieger geblendet werden.

Hagel soll man meiden. Er vermag die Tragdecken, sofern sie aus Leinwand sind, und die Luftschraube zu zerstören wegen der großen Geschwindigkeit, mit der das Flugzeug gegen ihn rennt.

Eisnadeln finden sich in den Breiten, in denen sich der Luftverkehr heute abspielt, nur in geringer Dichte und in großen Höhen. Mit ihnen braucht man kaum zu rechnen.

Für die Maschine selbst ist das F l i e g e n im Regen oder Schnee kaum nachteilig, während sie durch S t e h e n im Regen oder Schnee leidet.

XXI. Kapitel.

Lichtzerlegung.

Von den physikalisch sehr beachtenswerten, vielfach verwickelten Vorgängen der Lichtzerlegung sollen hier nur die alltäglichen und auffälligsten genannt werden.

Blickt man vom Flugzeug mit der Sonne im Rücken auf eine Wolke, so sieht man dort den Flugzeugschatten um so größer, je näher man ist, umgeben von einem Regenbogenkreis. Die Erscheinung heißt das Brockengespenst, weil es auf dem vielbesuchten Brocken sehr häufig gesehen wird und beruht auf der Zerlegung der Sonnenstrahlen an den Nebeltröpfchen.

Seltener, aber über den unteren Wolken immer noch verhältnismäßig häufig, ist der die Sonne umgebende Sonnenring, der durch Lichtzerlegung an sehr hohen dünnen Eisnadelwolken entsteht und gelegentlich an den Seiten, oben und unten noch Ansätze zu weiteren (Nebensonnen) Ringen zeigt. Der Sonnenring ist verhältnismäßig farblos.

XXII. Kapitel.
Gebiete tiefen und hohen Luftdruckes.

Liegen kalte und warme Luftmassen nebeneinander, so wird die kalte Luft, weil sie dichter und schwerer ist, zusammensinken und sich unter der warmen ausbreiten; die warme wird sich nach oben lagern und dort über der kalten Luft ausbreiten.

Aber der Vorgang wird sich in so einfacher Form nur da abwickeln, wo bei der Ausbreitung, die ja horizontale Bewegung ist, die ablenkende Kraft der Erddrehung nicht sehr wirksam sein kann. Das trifft in niedrigen Breiten zu (Monsune, Passate) und da, wo die horizontale Strecke, die die Luft bis zur Erreichung ihrer Gleichgewichtslage zurücklegt, nur gering ist (Land- und Seewind, Böenfront). Bei diesen Erscheinungen handelt es sich um eine einfache Herstellung der Gleichgewichtslage, um ein Aufsteigen und Ausbreiten der warmen Luft über der kalten und entsprechendes Zusammensinken und Ausbreiten der kalten Luft unten.

Beim Passat, Monsun und Land- und Seewind wird durch die Temperatur des Bodens und durch Strahlung der Vorgang immer wieder erneuert, bei der Böenfront durch das Temperaturgefälle längs derselben, und die relative Verschiebung der Luftmassen gegeneinander längs der Böenfront.

Liegen hingegen in den Breiten, in denen die ablenkende Kraft der Erddrehung beträchtliche Werte erreicht, Luftmassen von verschiedener Temperatur und Dichte über genügende horizontale Entfernung nebeneinander, so werden die horizontalen Bahnen der ihrer Gleichgewichtslage zustrebenden Luftteilchen abgelenkt. Zwischen den Luftmassen verschiedener Dichte bildet sich ein luftverdünnter Raum durch Zentrifugierung, um den, unter Zusammenwirkung von zentrifugalem Trägheitsmoment und ursprünglichem Dichte-(Druck-) gefälle, die Luftbahnen kreisförmig laufen.

Superponiert über dieser Bewegung finden wir die der allgemeinen Trift, die in unseren Breiten meist aus Westen läuft[1]).

---

[1]) Siehe näheres in »Physik d. freien Atmosphäre« 1920, Die Erzeugung der Tiefdruckgebiete.

Der Land- und Seewind reicht land- und seewärts meist nur 1—2 km weit; die untere Strömung hat dabei eine Dicke von einigen hundert Metern; ihre Geschwindigkeit beträgt bis zu 6 m/Sek.

Die Böenfronten sind bis zu 1000 km lang, die Wolkenmassen reichen meist bis etwa 4 km Höhe, ihre »Tiefe« beträgt etwa 10 km. Die Wolkenbasis liegt bei 200—500 m. Die Geschwindigkeit der Unterströmung kann bis zu 30 m/Sek. betragen.

Die eigentlichen Tiefdruckgebiete hingegen, die sich aus der Gleichgewichtsstörung nebeneinander liegender Luftmassen über große Entfernung entwickeln, haben einen Durchmesser von 1000—2000 km; ihre Wolkenmassen reichen in sommerlichen Regengebieten bis ca. 5 km, in großen Tiefdruckgebieten hingegen bis an die Grenzen der meteorologischen Atmosphäre, der sogenannten Troposphäre, also rund 10 km Höhe. Die Energie der Tiefdruckgebiete hängt von dem Temperatur- oder Dichtegefälle zwischen rechter und linker Flanke ab, von dem sie erzeugt werden.

Von der warmen rechten Flanke des Tiefdruckgebietes fließt oben, sofort abgelenkt durch die Erddrehung, nach der Vorderseite warme Luft. Auf der Rückseite schiebt sich kalte Luft von der linken Flanke unten ein.

Infolgedessen kann man auf der Vorderseite mit starkem Wind in der Höhe, auf der Rückseite mit Windabnahme oben rechnen.

Dem Heranströmen der wärmeren und deshalb leichteren Luft oben entspricht das Sinken des Luftdruckes (Wolkenbildung) auf der Vorderseite des Tiefdruckgebietes; auf der Rückseite entspricht dem Heranströmen der kalten und deshalb schweren Luft ein Steigen des Luftdruckes (Wolkenauflösung). Indessen ist für den Flieger wie für den Segler das Rückseitenwetter am unangenehmsten, weil die Berührung der kalten Luft mit der warmen Erde lebhaften vertikalen Luftaustausch und Böenentwicklung hervorruft.

Die tropischen Orkane entsprechen den Tiefdruckgebieten unserer Breiten und wandeln sich in diese um, wenn sie in gemäßigte Breiten kommen.

Die Luftdruckverminderung im Innern ist ungefähr die gleiche wie bei den Tiefdruckgebieten gemäßigter Breiten, aber sie drängt sich auf einen viel kleineren Raum zusammen, weil die ablenkende Kraft der Erddrehung in den Tropen nur gering ist, und die Luft fast direkt ihrer Gleichgewichtslage unter Beschleunigung zuströmt.

Diese Beschleunigung ist vermutlich auch der Grund, weshalb das luftverdünnte Zentrum des Teifuns umkreist wird und Wirbelkräfte auftreten.

Hochdruckgebiete beruhen auf Luftaufstauung oder Vernichtung der kinetischen Energie der Luft. Die Luftbahnen im Hochdruckgebiet sind sehr nahe Trägheitsbahnen. In den untersten 500 m, wo die Bewegung der Luft durch die Reibung am Boden gebremst ist, fließt die Luft aus dem Hochdruckgebiet heraus.

Durch kartenmäßige Darstellung der gleichzeitigen Wetterbeobachtungen von einem größeren Bereich durch Linien gleichen Luftdruckes, gleicher Temperatur, gleicher Luftdruckänderungen und des Regens, übersichtliche Darstellung des Windes und der Bewölkung und fortlaufenden Vergleich dieser Karten kann man zu einer Beurteilung des zukünftigen Wetters auf einige Zeit voraus kommen.

Bei mancher Wetterlage auf 2—3 Tage, bei anderen zunächst nur auf einige Stunden voraus.